森林资源核算理论与实践研究

国家林业和草原局发展研究中心◎著

中国林業出版社
CFPH China Forestry Publishing House

图书在版编目（CIP）数据

森林资源核算理论与实践研究 / 国家林业和草原局发展研究中心著. -- 北京：中国林业出版社，2022.6

ISBN 978-7-5219-1754-3

Ⅰ. ①森…　Ⅱ. ①国…　Ⅲ. ①森林资源—资源核算—研究—中国　Ⅳ. ①F326.22

中国版本图书馆CIP数据核字（2022）第115840号

责任编辑：王　越　　李　敏

电　　话：（010）83143628　　83143575

出版发行　中国林业出版社 (100009　北京市西城区刘海胡同7号)

http://www.forestry.gov.cn/lycb.html

制　　版　北京五色空间文化传播有限公司

印　　刷　河北京平诚乾印刷有限公司

版　　次　2022年6月第1版

印　　次　2022年6月第1次印刷

开　　本　710mm × 1000mm　1/16

印　　张　11

字　　数　184千字

定　　价　68.00元

本书编委会

主　　编： 李　冰　王月华　张志涛

副 主 编： 张　宁　彭道黎　宁金魁　蒋　立　王建浩

编写人员（按姓氏笔画排序）：

王　霞　王月华　王伊煊　王建浩　毛炎新

宁金魁　边　菲　朱　昆　朱晓博　任海燕

刘　佳　刘　博　刘泰瑞　李　冰　李　洋

李小袆　李文慧　李永杰　李承基　张　宁

张　鑫　张一本　张志涛　张欣晔　张博茹

陈立标　周耀鹏　赵连清　郭　晔　常　旭

梁　斌　彭道黎　蒋　立　程琪媛　臧　颢

魏丽萍

前 言

森林是陆地生态系统的主体，是不可或缺的自然资源，森林与经济社会发展密切相关，具有重要的经济价值、生态价值和社会价值。开展森林资源核算，将其纳入国民经济核算框架，一直是国际社会关注的热点问题，包括从林地林木经济价值到森林生态系统服务价值再到森林文化价值等，对森林资源价值研究的探索从未停止。20 世纪 90 年代，随着国际社会对环境与经济之间联系的研究越来越深入，环境经济核算理论研究逐渐成熟，联合国相继出版了《综合环境经济核算-1993》（SEEA-1993）、《综合环境经济核算——操作手册》（SEEA-2000）、《综合环境与经济核算体系》（SEEA-2003）、《环境经济核算体系中心框架 -2012》（SEEA-2012）等多部手册用于指导世界各国开展环境经济核算研究。其中，SEEA-2012 是联合国推荐的首个环境经济核算领域的国际标准，它为我国森林资源核算研究的开展提供了坚实的理论基础和技术指南。

自 2005 年，国家林业局经济发展研究中心（现为国家林业和草原局发展研究中心）研究团队开始参与到中国森林资源核算研究的全过程，并在林地林木资源核算研究方面发挥了独创性作用。研究团队将 SEEA-2012 推荐的森林资源估价方法与国内森林资源统计调查相结合，提出了林地林木价值核算调查技术体系，该体系在全国、市、县层面均得到了广泛的应用。同时，研究团队最早在国内开展了森林资源资产负债表的编制研究，参与了自然资源资产负债表编制决策咨询的全过程，并于 2015 年参与了国家重点研发计划项目——自然资源资产负债表编制技术与应用的课题研究，承担了林木资源资产负债表编制技术与应用子课题，完成了林木资源资产负债表理论研究，提出的林木资源资产价值核算调查技术体系规程在县级层面推广应用示范。在上述理论研究的基础上，研究团队以河北省国有森林资源资产报告制度在秦皇岛市试点为工作契机，基于秦皇岛市国有林场林地林木资源核算研究，探索编制了秦皇岛市国有林场林木资源资产负债表（实物量表）。

本书对研究团队在森林资源核算的理论研究和实践探索两个方面进行了总结。理论研究部分的第一、二、三章侧重国内外森林资源核算相关理论介绍，重点是联合国环境经济核算理论、国内森林资源核算理论研究进展以及林木资源资产负债表编制研究等内容。实践探索部分的第四、五、六章聚焦本研究团队开展的林地林木资源核算研究、江西省崇义县林地林木资源资产核算研究以及秦皇岛市国有林场林地林木资源核算研究等内容。需要说明的是，林地林木资源核算是森林资源核算的基础，现有理论研究重点关注交易价值、使用价值的直接价值部分，而对于使用价值中的间接价值尚未充分重视，其中蕴含的学术宝藏还有待于未来进一步深入挖掘。

在项目研究过程中，研究团队得到了国家林业和草原局戴广翠研究员、王宏伟教授级高级工程师、刘建杰巡视员和国家统计局邱琼处长等人的悉心指导和热情帮助，得到了国家林业和草原局科技司、资源司、规财司的大力支持，在此致以衷心感谢和诚挚谢意！

本书的研究成果是团队集体攻关的结果，不当之处敬请读者批评指正。

著　者

2022 年 5 月

目 录

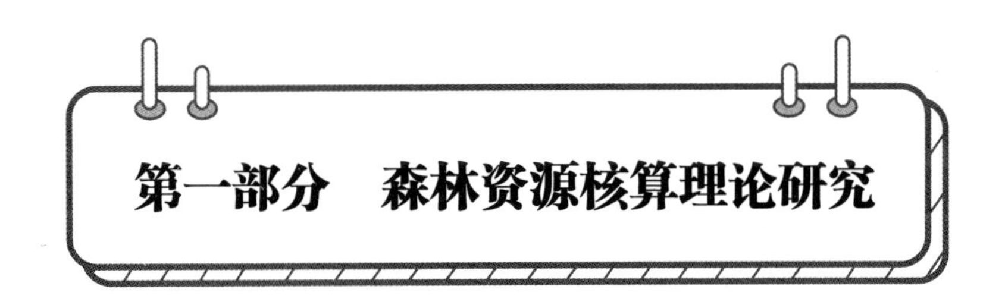

第一部分　森林资源核算理论研究

第一章　森林资源核算国内外研究进展与探索实践

森林是陆地生态系统的主体，在应对全球气候变化中发挥着不可替代的作用。当前，资源节约、生态保护与生态文明建设受到深刻而广泛的重视，森林资源核算也不断从理论构建、政策完善和价值分析等角度推动上述工作。森林资源核算，或称森林核算，是依据环境经济核算的基本原理，以森林为核算对象，以森林调查、林业统计及生态监测为基础，对森林经营、恢复和保护活动进行全面定量描述，反映森林资源资产现状及变化、森林为经济社会发展提供的产品与服务，分析经济发展对森林资源资产的影响以及森林对可持续发展的支撑，是环境经济核算的重要组成部分。

关于森林资源核算，国内外已经进行了多方面的理论研究和实践探索，形成了一些阶段性的理论与方法，例如欧盟统计局编写的《欧洲森林环境与经济核算框架》（简称 IEEAF-2002）、联合国粮食及农业组织编写的《林业环境与经济核算指南》（征求意见稿，简称 FAO-2004 指南）、联合国统计署等单位编写的《环境经济核算体系》（简称 SEEA）。这些文献为中国开展森林资源核算提供了基本理论和方法依据。

一、SEEA 中有关森林资源核算的发展及其变化分析

（一）SEEA 的产生与完善

20 世纪 80 年代，世界环境与发展委员会在《我们共同的未来》报告中系统阐述了“可持续发展”理念，并将可持续发展定义为“既能满足当代人的需要，

又不对后代人满足其需要的能力构成危害的发展”。这一理念的提出对环境经济核算的研究发展起到了明显的推动作用，联合国环境规划署与世界银行成立了相关课题研究小组，开始着手研究环境核算与国民经济核算。一些政府间组织、非政府组织研究机构和部分国家也对绿色国民经济核算体系进行了理论和实践上的探索与尝试。其中，最具代表性的当属联合国（UN）、欧盟（EU）、经济合作与发展组织（OECD）、国际货币基金组织（IMF）及世界银行（WB）共同组织编写的《环境经济核算体系》（简称 SEEA）。

SEEA 作为被大众熟知且框架相对完备的综合环境经济核算体系，自 1993 年由联合国统计署等国际组织发布首个版本以来，已经经历了 SEEA-2000、SEEA-2003、SEEA-2012 四个版本的历史变迁。以 93SNA 卫星账户的名义诞生的 SEEA-1993，率先将环境资产纳入国民核算体系中，架起了环境资源核算与经济体系之间的桥梁。经过多个版本的修订，SEEA-2012 已经成为环境经济核算领域中十分重要的国际统计标准。

（二）SEEA 中关于环境资产的核算内容

环境资产核算是环境经济核算体系的重要组成部分，当前，国内外对环境资产的研究基本都以 SEEA 的理论框架为基础。SEEA-2012 基于人类可持续发展的理论，系统阐明了自然资源的分类和核算准则，全面介绍了自然资源的核算工具和核算方法，对自然资源资产核算的主要意义在于：一是进一步拓展了资产的内涵和外延，为明确自然资源资产的定义奠定了基础；二是设置了包括水资源、土地资源等七类自然资源账户，为自然资源资产核算提供了有益参考；三是规范了自然资源的核算方法，为自然资源资产的价值量评估贡献了方法指导，具体内容如下。

SEEA-2012 将环境资产定义为地球上自然发生的生物和非生物部分，它们一起构成生物物理环境，可为人类带来惠益，包括矿产和能源资源、土地、土壤资源、木材资源、水生资源、其他生物资源（不包括木材和水生资源）、水资源（表 1-1）7 个组成部分。

SEEA-2012 对环境资产核算进行了详细阐述，包括实物型和价值型账户两种基本形式。对于每一组成部分实物量核算范围都更为广阔，包括可以为人类提供惠益的所有资源，但对于价值量核算，则要根据国民账户体系估价原则核算具有经济价值的组成部分。以土地为例，从实物量角度核算，一国的全部土地都在环境经济核算体系的核算范围之内，以便全面分析土地使用和土地覆被的变化，但以价值量角度核算，某些土地可能没有经济价值，因此被排除在价值量核算范围之外。

表 1-1　SEEA-2012 环境资产分类

序号	类别
1	矿产和能源资源
1.1	石油资源
1.2	天然气资源
1.3	煤和泥炭资源
1.4	非金属矿产资源（不包括煤和泥炭资源）
1.5	金属矿产资源
2	土地
3	土壤资源
4	木材资源
4.1	培育木材资源
4.2	天然木材资源
5	水生资源
5.1	培育水生资源
5.2	天然水生资源
6	其他生物资源（不包括木材资源和水生资源）
7	水资源
7.1	地表水
7.2	地下水
7.3	土壤水

1. 资产账户结构

资产账户记录期初和期末资产存量及在核算期内的变化，包括实物型和价值型资产账户两种基本格式。

（1）实物型资产账户的概念格式

实物型资产账户通常是为特定类型的资产编制而成，因为每种资产往往以不同单位被记录，不同资产的实物量核算值无法合计。表 1-2 按照资产类型划分的实物型资产会计项。它提供一份关于实物型资产账户结构的概览。

与每项资产的期初和期末存量变化有关的账项分为存量增加和存量减少。环境资产的存量增加包括四种类型，分别是存量增长量、发现新存量、向上重估以及重新分类。

存量增长量：反映资源存量在一个核算期内因增长而产生的增加额；

发现新存量：新资源进入存量，通常通过勘探和估价产生；

表 1-2　环境资产实物型资产账户的一般结构（实物单位）

项目	矿产和能源资源	土地（包括林地）	土壤资源	木材资源		水生资源		水资源
				培育	天然	培育	天然	
期初资源存量	是	是	是	是	是	是	是	是
资源存量增加量								
存量增长量	na	是＊	土壤形成 土壤沉积	增长	自然增长	增长	自然增长	降水量 回归流量
发现新存量	是	na	na	na	na	是＊	是＊	是＊
向上重估	是	是	是＊	是＊	是＊	是＊	是	是＊
重新分类	是	是	是	是	是	是	是	是
存量增加量合计								
资源存量减少量								
开采量	开采量	na	取土量	伐取量	伐取量	收获量	总渔获量	取水量
存量正常减少量	na	na	侵蚀	自然损失	自然损失	正常损失	正常损失	蒸发量 蒸发蒸腾量
灾难性损失	是＊	是＊	是＊	是	是	是	是	是＊
向下重估	是	是	是＊	是＊	是＊	是＊	是	是＊
重新分类	是	是	是	是	是	是	是	na
存量减少量合计								
期末资源存量	是	是	是	是	是	是	是	是

注："na" 表示不适用；＊表示这一项对于资源通常不重要，或者在源数据中通常不予单独确认。实际上，不是所有说明可能有一个账项的单元格，都应在第一类资产的公布账户中被单独列出。

向上重估：反映使用以重估实物量存量的新信息后产生的增加量，这种重估可能与自然资源质量和登记评估结果的变化有关或与开采的经济可行性变化（包括开采技术的改变引起的变化）有关。

重新分类：对环境资产进行重新分类，一般发生在一项资产被用于不同用途的情况下。一类资产的增加对应着另一类资产的相互抵消，就环境资产的整体而言，重新分类不影响各个资产类型的实物总量。

环境资产的存量减少，包括开采量、存量正常减少、灾难性损失、向下重估、重新分类五种类型。

开采量：环境资产在生产过程中的实物转移或者收获，包括作为产品继续在经济领域流通的数量和那些不被需要在开采之后立即回归环境的存量。

存量正常减少：在一个核算期内的存量预期损失。

灾难性损失：由于自然灾害、政治事件、技术事故等原因导致的环境资产的减少。

向下重估：反映使用以重估实物量存量的新信息后产生的减少量。

重新分类：对环境资产进行重新分类，一般发生在一项资产被用于不同用途的情况下。一类资产的减少应当与另一类资产的相应增加相互抵消。这意味着，就环境资产的整体而言，重新分类不影响各个资产类型的实物总量。

（2）价值型资产账户的概念格式

价值型资产账户的一般格式如表 1–3 所示，与实物型资产账户的结构密切相关。价值型账户中所列账项的定义与实物方面界定的相同账项的定义完全一致，仅比实物型资产账户多出重新估价一个账项，重新估价涉及单纯由于价格变化产生的资产价值变化，反映环境资产名义持有量的增减，即一个核算期内价格变化导致的资产所有者价值增长量计算。价值型账户反映实物型资产账户中记录的实物的估价，但就某些环境资产而言，实物量核算范围更广泛。对于大多数环境资源来说，需要先估算实物量，再估算价值量。价值量核算可以使用共同的计价单位从而对不同环境资产进行比较，克服了实物量核算不能进行横向比较的不足。

环境资产账户的动态平衡关系为：期初资产存量 + 存量增加 – 存量减少 = 期末资产存量。

表 1–3　价值型资产账户的概念格式（货币单位）

项目
期初资源存量
资源存量增加量
存量增长量
发现新存量
向上重估
重新分类
存量增加量合计
资源存量减少量
开采量
存量正常损失
灾难性损失
向下重估
重新分类
存量减少量合计
资源存量重计值
期末资源存量

2. 实物耗减与估价方法

为了具体指导环境资产账户的编制，SEEA-2012 对实物型账户和价值型账户中涉及的环境资产实物耗减和环境资产的估价方法做了重点阐释。

SEEA-2012 指出实物耗减是指在某个核算期间，由于经济单位对自然资源的开采量大于再生量，而使自然资源存量减少。在环境资产核算中，对耗减的计量通常是一项重点。对于不可再生资源，如矿产和能源，耗减量等于资源开采量。尽管不可再生自然资源通过发现新存量可以实现存量的增长，从而使开采活动继续进行，但是这些物量的增长量不能被视为再生，因此不能与耗减测量值相抵；对于天然生物资源，如木材资源和水生资源，一般情况下，只有超出再生量的开采量，才被记录为耗减。因为这些资源的自然再生能力意味着在特定管理和开采情况下，开采资源的数量可能与自然的再生量相等，在这种情况下，环境资产总体上没有发生实物耗减。

SEEA-2012 指出运用估价方法的一个主要优势是可以使用共同的计价单位，对不同环境资产进行比较或将环境资产与其他资产相比较，但使用实用单位计量是无法实现这样的比较的。SEEA-2012 介绍了市场价格法、减记重置成本法以及净现值法，并在附件 A5.1 中对净现值进行了更为详细的介绍。最后，SEEA-2012 在第五章针对 7 种环境资产的特征对各项环境资产的核算分别进行了介绍。

（三）SEEA 中关于森林核算的内容

自 1993 年以来，经过多年的发展，联合国统计署等组织已经编制发布了多个版本的《环境经济核算体系》（SEEA）。尽管 SEEA 并不是专门针对森林资源核算的技术指南，但其所阐述的环境与经济核算原理为搭建森林核算框架奠定了基础，并以发展的视角对森林资源核算进行了阐述与分析，对森林资源核算具有重要的指导意义。

（1）SEEA-1993

1993 年，联合国公布了《国民账户体系》（The System of National Accounts, SNA-1993）及其卫星账户——《综合环境核算体系》（The System of Integrated Environmental and Economic Accounting，SEEA-1993）用以指导世界各国开展环境经济核算。SEEA-1993 是环境经济核算领域第一本公开发行的手册，它的诞

生标志着环境经济核算的初步形成。SEEA–1993 以 SNA 的基本理论为基础，以环境估价为核心，以环境调整的宏观总量指标为综合目标，对环境资产进行核算。SEEA–1993 扩展了传统国民经济的核算范围，将生产资产、非生产自然资产以及其他非生产自然资产（指没有处于机构单位控制下的自然资源）全部纳入了核算范围之中，并首次提出要在国民经济核算中加入森林资源、水资源、矿产资源等非生产自然资产的核算。从森林资源核算的角度来看，SEEA–1993 的积极意义在于，它表明了林业产品适用于自然资源账户和环境流量账户，并肯定了森林在国民经济核算体系中具有市场价格，可划分至经济资产类别。

（2）SEEA–2000

SEEA–2000 与 SEEA–1993 相比，在森林资源核算的理论和实践层面均有了较大的进步。

理论方面，从核算对象上来看，SEEA–2000 在历代 SEEA 版本中首次单独列出了森林资源账户，并明确界定了森林资产的覆盖范围，即林地、生态系统、森林中的生物资产（动物和植物）以及与森林有关的其他资产四大类。SEEA–2000 调整了国民账户体系中的土地分类，将林地划为土地类别中的一项，这对于森林资源核算来说具有重大的进步意义。从核算内容上来看，SEEA–2000 介绍和规定了森林资源的实物量和价值量。其中，森林实物量涉及土地使用账户、森林自然资源账户和商品平衡状况三部分内容。SEEA–2000 指出，土地核算是环境经济体系的重要组成部分，可将土地核算作为衡量环境后果可能导致的森林变化的尺度；森林资源账户应显示立木存量在期初与期末随时间发生的净变化；商品平衡表则显示了木材和木制品在经济过程中的实物投入产出情况，可用于研究碳平衡。价值量核算主要是通过土地估价、立木估价、非培育生物资产估价、流量的划分以及经环境调整的国内生产净值来体现。利用不同的估价方式，可将森林资源的实物账户转化为货币账户。

实践方面，从操作层面上来看，SEEA–2000 详细阐述了应用 SEEA 的 10 个步骤，具体到森林资源核算上，SEEA–2000 介绍了逐步法，给出了森林资源核算的 8 个具体步骤：①编制供给和使用账户；②确定和编制同森林有关的环境保护支出；③编制生产森林资产账户；④编制实物资产账户；⑤森林估价，编制货币账户；⑥编制实物环境账户；⑦编制按经济部门分列的排放表；⑧核算环境退化的保持成本。可以说，与 SEEA-1993 相比，SEEA-2000 更加聚焦环境经济核算的实践过程，是一本操作层面的业务手册。

尽管 SEEA-2000 相较于 SEEA-1993 有了很大的突破，但仍存在一些不足之处：①核算方法缺乏系统性。SEEA-2000 虽然指出森林资源的核算对象应包含森林生态系统，但受生态系统复杂性、多样性的影响，其并未提供森林生态系统具体的核算方法；②账户结构设置不够合理。为了与 SNA 中的库存与非生产性经济资产概念相衔接，SEEA-2000 将实物账户分割为了培植林账户、实物非生产经济资产账户和实物环境资产账户等多个账户，导致账户分类破碎化，相关账户信息分散在多处，缺乏整体性，易产生混乱。此外，SEEA-2000 虽然提供了实物账户和货币账户，但增减项目杂糅在一起，没有进行统一归类，导致账户增减原因难以辨别。

（3）SEEA-2003

SEEA-2000 在实践的基础上不断开发和完善，形成了 SEEA-2003。SEEA-2003 对于森林资源核算的指导意义主要体现在以下几个方面：

第一，界定概念与分类。SEEA-2003 详细界定了森林实物账户和价值账户中各个名词的定义与分类，包括“有林地”“森林地”“其他有林地”“天然林”“立木量”“生长存量”“年净增量”“年采伐量”等一系列概念。还对其中一些概念进行了细致的分类，例如在“林地分类”中将“有林地”分为“培育森林地”与“非培育森林地”；在“森林地实物核算”中，将森林地的变化归类为存量增加（植树造林和自然生长）、存量减少（采伐和退化）、土地分类的变化以及存量的再评价，并对存量增加及减少的各项原因做了解释说明。这些都是在 SEEA-2000 的基础上新增的内容，对于明晰 SEEA 中不同账户各个项目的含义具有重要意义。

第二，独立划分章节。SEEA-2003 为森林资源核算账户单独划分了章节，并明确了核算对象及内容来源，这意味着森林资源核算方法更为成熟，地位更加重要，可为森林核算提供更加具体的指导。同时，SEEA-2003 克服了 SEEA-2000 账户分类破碎化的弊端，将培育资产与非培育资产整合到同一张实物账户表中，使得账户结构设置更加合理。

第三，细化估价方法。SEEA-2000 只是简单介绍了林木估价可以使用的方法，但具体如何使用却语焉不详。SEEA-2003 不仅介绍了林木估价的三种方法：即立木价格法、消费价值法和净现值法，还明确了不同方法的计算公式、使用范围及优缺点。为不同地区根据自身具体情况选择不同的林木估价方法奠定了坚实的基础。

第四，提供补充表式。SEEA-2003 在森林专题的基础上，还提供了一些补充表式，包括生态植物区、森林保护状况、固碳能力、森林树龄结构、森林病虫害、生物多样性及生态系统以及森林服务等。这些补充表式可以反映森林作为生态系统服务的功能质量状况及其保护状况，是对前述核算账户的补充和完善。

与 SEEA-2000 相比，SEEA-2003 关于森林资源核算的内容更加具体，体系也更加完善，但仍存在一些问题。

第一，森林核算内容不完整。尽管 SEEA-2003 详细讨论了林地、林木以及林产品的实物量和价值量账户，并新增了森林管理和保护支出账户，但仍然缺少在环境经济核算体系中处于重要地位，与森林投入产出相关的复合流量账户和宏观经济调整账户。此外，SEEA-2003 没有提供森林生态系统具体的账户列表。对于森林生态系统中最为重要的碳平衡核算，SEEA-2003 也仅仅在补充表式中提供了固碳账户表，但固碳能力具体如何计算并未给出详细说明。

第二，核算内容存在重叠。SEEA-2003 所描述的环境资产涵盖了自然资源和生态系统，从测算的角度看，不同资产之间可能存在重叠。例如，对森林核算中林地的讨论，不可避免地会涉及土地资源，导致核算内容出现重叠。

（4）SEEA-2012

2014 年，联合国（UN）、欧盟（EU）、联合国粮食及农业组织（FAO）、经济合作与发展组织（OECD）、国际货币基金组织（IMF）、世界银行（WB）共同编写的《环境经济核算体系中心框架——2012》（SEEA-2012）正式发布。自 1993 年第一版 SEEA 发布之后，历经 20 多年的发展与探索，环境经济核算在国际上地位愈来愈重要，SEEA 体系也愈来愈完善。因此，SEEA-2012 一经发布，就引起了国际上强烈的反响，并成为环境经济核算领域的第一个国际标准。

就森林资源核算而言，SEEA-2012 重点修订了 SEEA-2003 中理论与实践不一致的部分，并在国际统一标准的前提下整合了已经达成共识的内容。同时，

SEEA-2012 还吸收了联合国粮农组织编写的《全球森林资源评估》和《林业环境与经济核算指南》的概念、分类和方法，进一步完善了林地、林木资产实物账户和资产价值账户以及估价方法。可以说，SEEA-2012 在 SEEA-2003 的基础上，向前迈了一大步，其先进性具体体现在以下几个方面：

第一，资产账户结构更加合理。首先，SEEA-2012 对标准资产账户的描述吸收了联合国等国际机构联合发布的《国民账户体系（2008）》（SNA-2008）中的相关内容，使得 SEEA-2012 提供的标准资产账户结构适用于各类环境资产，并且每一种环境资产的测算范围都得到了明确的界定。其次，SEEA-2012 中的资产核算包括实物型核算和价值型核算两种类型。资产账户包括实物型资产账户和价值型资产账户两种基本形式，账户详细记录了造林、自然扩张、伐林、灾害损失等因素导致的存量增减变化，并对增加项和减少项进行了合计。价值型资产账户还新增了“重估价”项目，用来记录核算期间因价格变动导致的环境资产变化。这样的设计有助于区分经济因素与环境因素对森林资源产生的影响。此外，联合国粮农组织作为 SEEA-2012 的编写机构之一，将全球森林资源评估的相关标准引入森林核算之中，使得森林资产账户结构更加合理。

第二，资产核算方法更加科学。SEEA-2012 明确区分了环境资产的核算方法，即以各项自然资源、培育型生物资源和土地核算为基础的环境资产核算方法，和以生态系统核算为基础的方法，这些方法有效避免了 SEEA-2003 中不同的环境资产存在重叠的可能性。

第三，进一步补充了核算内容。首先，SEEA-2012 增加了森林产品的合并列报，包括木材和薪材等森林产品的供应使用量、木材资源信息存量、开采森林产品所用的固定资产存量信息等，用以反映与环境相关的流量。其次，SEEA-2012 扩展了木材资源实物型资产账户，并划出单独一小节内容介绍了木材资源中碳的核算方式，使得核算内容较 SEEA-2003 更加完善。

二、SEEA 实验性生态系统核算

作为环境经济核算的第一个国际标准，SEEA-2012 在各国环境经济核算的探索实践中发挥了重要作用，然而，它对生态系统核算的指导意义仍然不足。通过对生态系统本身以及它为社会、经济和人类活动所提供的服务的调查来评估生态环境，是生态系统核算的根本目的。在全球生态环境问题日益受到关注的背景下，2014 年，联合国（UN）、欧盟（EU）、联合国粮农组织（FAO）、经合组织（OECD）、世界银行（WB）共同公布了《SEEA 实验性生态系统核算》（以下简称 SEEA–EEA）。SEEA–EEA 作为 SEEA–2012 的卫星账户，是在后者的基础上，将原来包含在环境经济核算中的生态投入以及与环境退化相关联的内容进一步扩展，形成的带有实验性质的生态系统核算框架。

SEEA–EEA 指出，生态系统核算是通过测量生态系统和从生态系统流向经济以及其他人类活动的服务来评估环境的一种连贯和综合的方法。具体来说，SEEA–EEA 构成了一个综合的统计框架，用于组织生物物理数据、测量生态系统服务、追踪生态系统资产变化，并将这些信息与经济和其他人类活动联系起来。SEEA–EEA 可视为衡量经济与环境之间关系统计标准的尝试，体现了其与环境经济核算（SEEA）、国民经济核算（SNA）的契合与衔接，揭示了生态系统内部、不同生态系统之间以及生态系统与环境、经济和社会之间的相互关系。

在 SEEA–EEA 中，生态系统核算包含生态系统资产和生态系统服务两个基本部分。生态系统资产是指“由生物和非生物成分以及其他共同作用的特征组成的空间区域”，显示在特定时点上生态系统的存量；生态系统服务是指“通过经济和其他人类活动在充分利用生态系统过程中产生的大量资源和过程”，显示在特定时期内，生态系统对经济体系及其他人类活动的贡献，包括供给服务、调节服务、文化服务三个部分。生态系统资产与生态系统服务之间联系十分紧密，生态系统资产是提供生态系统服务的基础，反过来，生态系统服务会在一定条件下影响生态系统资产。二者结合起来体现生态系统核算基本的“存量—流量”框架。

SEEA–EEA 指出，无论是生态系统资产核算还是生态系统服务核算，都包含实物核算和价值核算两个层面。实物核算是价值核算的基础，体现特定时点上生态系统的范围和状态以及一定时期内生态系统提供了什么生态服务，提供了多少生态服务。在此基础上，选择适当的估价方式，将实物量转化为价值量。具体基本内容框架见表 1–4。受数据的可得性以及核算的可实现性影响，当前，生态系统服务实物核算处在首要位置，其次为生态系统服务价值核算和生态系统资产实物核算，最后为生态系统资产价值核算。

表 1-4 生态系统核算基本内容框架

项目	实物核算	价值核算
生态系统服务	生态系统服务实物核算	生态系统服务价值核算
生态系统资产	生态系统资产实物核算	生态系统资产价值核算
与其他指标合并应用	生态系统实物指标及经济社会发展指标	包含生态系统价值指标的经济资产和经济账户序列

为了便于确定生态系统的边界、范围以及信息的收集和统计，SEEA-EEA 根据生态系统的空间特征，从三个层次设定了生态系统核算的基本单位，分别为基本空间单位、土地覆盖 / 生态系统功能单位与生态系统核算单位。

（一）基本空间单位 BSU（basic spatial units,BSU）

第一个层次为基本空间单位 BSU，BSU 是一个小的空间面积，理想情况下，BSU 应该可以通过划分小区域来形成（如 1 平方千米），通常是在相关领土的地图上叠加网格，但 BSU 也可以由地籍或遥感像素划定。每个 BSU 可以用一组基本信息进行归纳，便于后续的汇总或核算，包括生态系统特征，如土壤类型、地下水资源、海拔和地形、气候和降水量、现有物种及其丰度、当前或过去的土地用途、土地所有权、相对于人类居住区的位置，以及人们对该地区的可达程度。值得说明的是，BSU 没有独立意义，只是为了便于确认后两个层次的核算单位。

（二）土地覆盖 / 生态系统功能单位（land-cover/ecosystem functional unit, LCEU）

第二个层次为土地覆盖 / 生态系统功能单位 LCEU，LCEU 是指能够满足一套与生态系统特征有关的预定标准的区域，这些特征包括土地覆盖类型、水资源、气候、海拔和土壤类型等。根据其生态系统特征的差异，可以将一个 LCEU 与相邻的 LCEU 区分开来。LCEU 可以分解为若干个 BSU，也可以将具有相同核心特征的、相邻的 BSU 聚合形成 LCEU。例如，一个 BSU 的主要特征是森林树木覆盖，那么该 BSU 与邻近类似的 BSU 相结合，就会形成一个以森林树木覆盖为主要特征的 LCEU。LCEU 可视为一个独立的生态系统，在此层面上，可以对生态系统资产、生态系统服务进行核算。

（三）生态系统核算单位（ecosystem accounting units, EAU）

第三个层次是生态系统核算单位 EAU，EAU 代表进行生态系统核算、提供核算结果的统计范围，根据核算目标，可以对 EAU 的边界进行划分，如行政区域边界、环境管理区域、流域等。EAU 可能会包括若干个 LECU，由此产生多种类型的生态系统服务。总的来说，EAU 是随时间推移而固定或大致稳定的空间区域，并可被视为生态系统资产。它可以在一个较大的区域内将生态系统特征和人类活动特征综合起来。对不同的生态系统核算结果进行汇总，从而提供与生态系统资产和服务有关的完整的核算结果，包含从最小单元到区域尺度方面的核算，最终能够将这些单元合计得到国家尺度的核算结果。例如，从一个地方行政单位开始，可以建立一个 EAU 层次，接着是省级，然后是国家级，在所有情况下，一个国家的总面积将代表生态系统核算单位层次结构中的单一最高层次。

SEEA-EEA 分别就供给服务、调节服务、文化服务等不同生态系统服务类别给出估价方法的选择建议，具体估价方法包括：①单位资源租金定价法（pricing using the unit resource rent）；②替代成本方法（replacement cost methods）；③生态系统服务付费和交易机制（payments for ecosystem services and trading schemes），以及包含各种具体形式的显示性偏好法（revealed preference methods），包括享乐价值法（the hedonic pricing method）、生产函数法（the production function method）、旅行费用法（travel cost method）和避免行为法（the averting behavior method）；陈述性偏好法（stated preference methods），包括条件价值法（contingent valuation studies）和选择实验法（choice experiments）。

总而言之，SEEA-EEA 阐述了一种可用于探索和支撑生态系统核算的框架体系。自 SEEA-EEA 公布之后，不少研究项目按照其提出的框架和方法进行了实际案例测算，如马达加斯加生态系统估价试点研究、荷兰堡省生态系统服务价值核算研究等，尽管 SEEA-EEA 仍处于试验阶段，但它作为一个相对独立的核算框架直接强化了近年来备受关注的生态系统核算问题，补充了 SEEA-2012 留下的空白，对生态系统资产及其服务的核算提供了初步的方法论支持，对于生态系统核算具有重要意义。

三、环境经济核算体系——生态系统核算

2021 年 3 月，联合国公布了一个具有里程碑意义的全新框架——《环境经济核算体系——生态系统核算》（System of Environmental-Economic Accounting—Ecosystem Accounting，简称 SEEA-EA）。SEEA-EA 将自然资本如森林、湿地以及其他生态系统纳入经济报告中，旨在衡量自然对经济繁荣和人类福祉的贡献。这是人类沿着重视自然的方向迈出的历史性一步，超越了 GDP 这一衡量经济最常用的指标。

SEEA-EA 是一个基于空间的综合核算框架，用于组织关于生态系统的生物物理信息，衡量生态系统服务，跟踪生态系统范围和条件的变化，评估生态系统服务和资产，并将这些信息与经济和人类活动联系起来，使自然对经济和人类的贡献可见，并更好地记录经济和其他人类活动对环境的影响。

（一）生态系统核算框架概述

1. 相关基本概念

生态系统核算框架的中心逻辑建立在生态系统资产的定义之上。SEEA-EA 统计框架分别从空间视角、生态学视角、社会效益视角、资产价值视角、机构所有权视角对生态系统相关概念进行了描述。其中，由于生态系统资产的定义与空间视角直接相关，且该视角支持将核算框架的各个组成部分联系起来，因此，生态系统资产（ecosystem assets，EA）被定义为以一组生物与非生物组成部分及其相互作用为特征的特定生态系统类型的连续空间。

对生态系统进行核算，需要在一个边界清晰的核算区域内确定将要核算哪些生态系统资产。生态系统核算区域（ecosystem accounting areas，EAA）是编制生态系统账户的地理区域，如国家边界、地方行政区域、集水区或保护区。生态系统资产可以反映不同的生态系统类型，每个生态系统类型都有自己的结构、功能、组成部分以及相关的生态过程。

生态系统类型信息由生态系统范围（ecosystem extent）和生态系统状况（ecosystem condition）反映。生态系统范围是指生态系统资产在空间面积上的大小。生态系统状况是指一个生态系统的质量，以其非生物和生物特性来衡量。

根据生态系统类型、范围、状况、所在位置以及经济单位（包括家庭、企业

和政府）的使用模式，生态系统资产提供一系列反映各种生态系统特征和过程的生态系统服务。生态系统服务（ecosystem services）是生态系统对经济和其他人类活动所产生的效益的贡献，包括供应服务、调节服务、文化服务三大类（图 1-1）。

效益（benefits）是人类和社会最终使用和享受的商品和服务。生态系统服务所贡献的效益可能体现在当前的生产措施（如食物、水、能源、娱乐）中，也可能体现在这些措施之外（如清洁的水、空气、抵御洪水）。

在 SEEA-EA 中，存量和流量组成部分之间的联系可以体现在生态系统容量（ecosystem capacity）的概念中。广义而言，生态系统容量是指生态系统资产在未来提供服务的能力。从核算的角度来看，生态系统的容量是未来价值储存的基础。

生态系统资产（供应商）和经济单位（用户）之间的交易，代表了生态系统在与经济互动之前的最终产出，被定义为最终生态系统服务（final ecosystem services）。

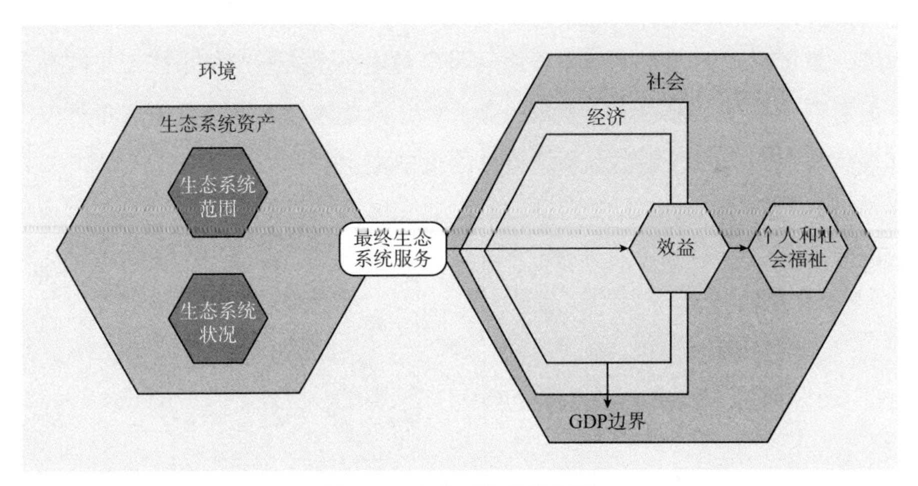

图 1-1 生态系统核算框架

2. 生态系统账户体系

SEEA-EA 被设计成一个集成的、内部一致的一系列账户的系统（表 1-5）。可以以模块或整体的形式进行灵活应用。这些账户彼此之间联系紧密，构成了生态系统核算的核心。国家可以根据具体的环境和经济情况选择适合本国的账户或在本国内选定某个区域编制核算账户。

表 1-5 生态系统账户体系

账户类型	相关介绍
生态系统范围账户 - 实物账户（ecosystem extent account-physical terms）	用于组织不同生态系统类型的范围或面积数据
生态系统状况账户 - 实物账户（ecosystem condition account-physical terms）	用于组织选定的生态系统特征的数据和距离参考条件的数据，以深入了解生态系统的生态完整性
生态系统服务流量账户 - 实物账户（ecosystem services flow account-physical terms）	记录在一个核算期内由生态系统资产提供和由经济单位使用的最终生态系统服务流量，也可以记录生态系统资产间的中间服务流量
生态系统服务流量账户 - 货币账户（ecosystem services flow account-monetary terms）	通常以单个生态系统服务的价格乘以生态系统服务流量账户中的实物量
生态系统资产货币账户 - 货币账户（monetary ecosystem assets account-monetary terms）	用于记录有关存量和资产存量（增减）变化的信息

不同生态系统账户之间的联系如图 1-2 所示。生态系统范围核算与生态系统状况核算的重点是对生态系统特征进行描述，由于生态系统的特征将影响生态系统服务的供应，因此这两种核算在实物方面与生态系统服务流量核算相联系；生态系统服务价格数据可以支持将生态系统服务流量核算在实物方面和货币方面联系起来；货币形式的生态系统服务流量账户与生态系统资产货币账户之间存在联系，后者需要估算未来的生态系统服务流量。考虑到以上所有联系，各种生态数据和经济数据的一致性是生态系统核算的重中之重。

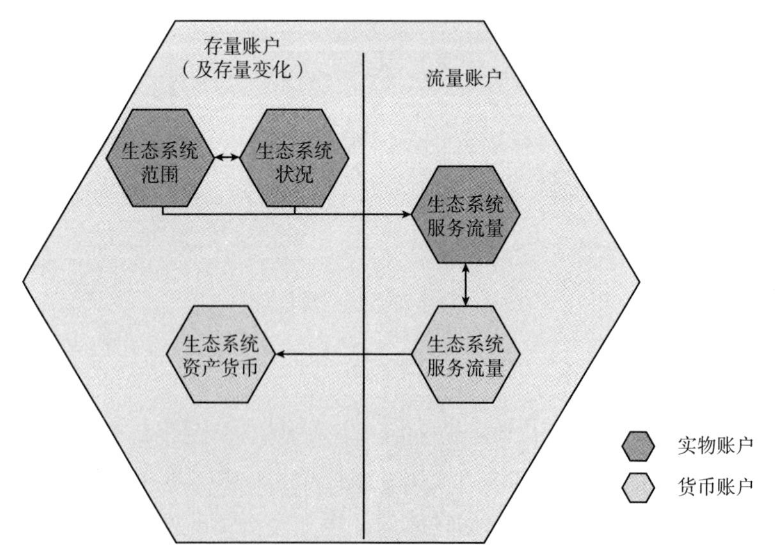

图 1-2 生态系统账户之间的联系

（二）生态系统核算的价值框架

生态系统核算的目的是以系统的方式记录选定生态系统的存量和流量数据。SEEA-EA 应用的核算方法不仅包括作为核算重点的生态系统，还包括生态系统、人员和经济单位之间的关系，从而为分析生态系统在支持经济与其他人类活动方面所起的作用以及理解经济和人类活动对生态系统的影响提供基础。SEEA-EA 提出的核算方法有两个特点。一是以实物和货币的形式进行核算。二是采用了 SNA-2008 中描述的核算原则，这有助于将生态系统核算的数据与传统经济核算数据（如国内生产总值 GDP）进行比较。

SEEA 中的概念和方法反映了在考虑与生态系统和生态系统服务有关的价值时具体的、明确的目标——将二者置于生产、消费和积累（财富）的经济措施背景下。它将生态系统核算放在更广阔的价值背景下，从而以不同的方式理解生态系统价值评估。实物方面，SEEA-EA 展示了实物数据如何应用于宏观经济政策和决策，例如生态系统的范围和条件。货币方面，SEEA-EA 记录了基于交换价值的存量和流量。与此同时，SEEA-EA 实物和货币的数据集成使其也能够支持基于其他价值视角的评估手段。

人们认识到，生态系统核算的概念和方法不能包括有关生态系统的所有价值观点，因此，来自生态系统核算的数据不应被认为提供了自然的整体、完整或全面的社会价值。

SEEA-EA 通常用两种特殊的连续体来反映价值观点：①从人类中心价值到非人类中心价值的连续体；②从工具价值到内在价值和关系价值的连续体，相关介绍如表 1-6 所示。

表 1-6 SEEA-EA 介绍的价值观点

相关概念	定 义
人类中心价值观（anthropocentric values）	以人类为中心的价值观
非人类中心价值观（non-anthropocentric values）	以环境为中心的价值观
工具价值（instrumental value）	指某物作为达到特定目的的手段所具有的价值
内在价值（intrinsic value）	指某物独立于任何人类经验或评价而具有的固有价值，这种价值被视为实体（如有机体）的固有属性，而不是由外部价值代理人（如人类）赋予或产生的
关系价值（relational values）	关系价值是与关系的意义相关的价值，包括个人或社会与其他动物之间的关系和生活世界的各个方面，以及由正式和非正式机构所阐明的个人之间的关系

不同研究人员将这些价值进行组合，形成了不同的价值框架，如总经济价值（TEV）框架、生物多样性和生态系统服务政府间科学政策平台价值（IPBES）框架、生活价值观框架等。值得注意的是，这些不同的价值视角在某种程度上并不可相加，换句话说，不能将所有类型相加得到自然的总价值。对于一个给定的生态系统，每个价值视角将提供一个不同的价值，以便在决策中进行对比。

广义而言，SEEA–EA 关注的是人类中心起源的价值，即以人类为中心的价值。从政策的角度来看，以人类为中心的工具性价值也受到较高的关注，因为它们涉及人类与环境的各种相互作用，而这些相互作用可能对生态系统造成更大的压力。

生态系统核算数据的货币价值采用交换价值的概念，其中生态系统服务和生态系统资产的价值是根据它们目前或将在市场上交换的价格来计算的，以便与国民核算中记录的货币价值进行比较。然而，以货币形式衡量生态系统核算的范围有限，在这方面，来自生态系统核算的货币数据与 SNA 中使用的估值基础一致，不能提供福祉的综合货币价值。

SEEA–EA 提到，由于生态系统核算包括实物和货币两方面的数据，并提供了空间明确的数据，因此生态系统核算数据有可能支持更多元的价值视角的讨论。换言之，虽然 SEEA–EA 主要侧重于以人类为中心的工具价值，但一套生态系统核算的数据将有助于支持基于其他价值观点的评估。

（三）SEEA–EA 与 SEEA–EEA 的关系

SEEA–EA 与 SEEA–EEA 关系十分密切，是在后者的基础上修订而成的，因此二者在核算原理方面具有继承与扩展的关系。所谓继承，是指生态系统核算的很多基本概念、基本内容被保留下来；所谓扩展，是指 SEEA–EA 在 SEEA–EEA 的基础上，形成了一些新的概念定义、新的核算内容等，具体包括以下几个方面：

在 SEEA–EEA 中，生态系统核算的基本单元包括基本空间单元（BSU）、土地覆盖 / 生态系统功能单元（LCEU）和生态系统核算单元（EAU）3 个层次，在 SEEA–EA 中，LCEU 作为关键的概念单元被重新定义为生态系统资产（ecosystem assets，EA）。EAU 虽然在生态系统核算中的作用在概念上没有变化，但被重新命名为生态系统核算区域（ecosystem accounting areas，EAA）。BSU 被保留在

SEEA-EA 中，但被视为实施核算方法的一种手段，而不是概念上的嵌套。

SEEA-EA 提供了基于 IUCN 的全球生态系统类型学中公认的生态系统类型分类。与 SEEA-EEA 中 LCEU 所提供的广泛分类相比，这是一个重大进步。SEEA-EA 还描述了按生态系统类型划分生态系统资产的原则，用以支持应用来源不同的数据来划分生态系统核算的空间单元。利用这些原则，可以对生态系统范围进行更丰富的描述。

SEEA-EA 保留了 SEEA-EEA 中使用基准条件法核算生态系统的方式，并扩展了测量方法。它将生态系统完整性作为测量重点，详细介绍了 SEEA 生态系统状况类型的组织特征，变量和条件指标，并概述了一个三阶段的方法核算生态系统状况，包括变量的选择，指标的参考以及生态条件指标的汇总。SEEA-EA 还叙述了该方法在自然和人为生态系统中的应用情况，并与生物多样性评估和环境压力指标应用联系在一起。

SEEA-EA 中生态系统服务的定义与 SEEA-EEA 相同，但 SEEA-EA 在对利益和福祉之间联系的讨论、对非生物流量边界的描述以及在 SEEA-EEA 中未明确界定的中间服务的定义等方面都有所改进。此外，SEEA-EA 编制了一份全面的生态系统服务参考清单，对包括生物量供应服务在内的许多生态系统服务的核算处理也有了重大改进。

SEEA-EEA 引入了生态系统容量的概念，但没有提供单一的定义。SEEA-EA 提供了生态系统容量的定义，并描述了潜在供应（ potential supply ）等相关概念。

SEEA-EA 保留了 SEEA-EEA 提出的交换价值的概念，并就效益价值等其他估价概念进行了改进。确定可以应用哪些评估方法来衡量交换价值，并对评估方法的应用建立了优先顺序。SEEA-EA 保留了使用净现值法评估生态系统资产价值量的方法，并大大扩展了对其在生态系统核算环境中的应用的讨论。

SEEA-EA 将对生物多样性的核算和对碳储量的核算纳入专题核算的讨论之中，这是在 SEEA-EEA 的基础上，新补充的内容。

四、国际组织和有关国家的森林核算研究

（一）日本

在亚洲，日本是开展森林资源资产核算较早的国家。19 世纪末，日本从德

国引进了森林评价法（孟祥江，2011），并于20世纪30年代开始研究林业收益及盈亏计算理论。第二次世界大战后，日本又广泛引进了经济学，开始进行林业经营学的研究。此时，日本对林地，林木，林木的买卖、交换、补偿、税务等森林资产的评价，大多采用的是欧美的评价法。20世纪70年代中后期，日本对森林的研究重点从最初的经济效益逐渐转向生态环境与社会效益上来（中国森林资源价值核算及纳入绿色GDP项目考察团等，2008）。随后，为了满足国民对森林多样化的需求，宣传森林的多种功能，日本农林水产省林野厅分别于1972年、1991年和2000年对本国森林植被类型的6大类公益机能的价值开展了3次评估（李文华，2008）。三次森林生态服务价值评估的结果分别为12.82万亿日元/年、39.20万亿日元/年和74.99万亿日元/年。在评估内容方面，主要包括8项主要功能，分别为生物多样性保护功能、地球环境保护功能、减少水土流失（防止泥石流灾害功能/土壤保护功能）、净化空气和减少噪音（营造舒适环境功能）、水源涵养功能、保健休闲功能、文化功能和物质生产功能。其中，前7项均为生态服务功能。基础数据主要包括3类：森林资源数据、生态服务功能参数、价格成本替代法涉及的相关数据。通过开展森林多功能价值评估，不仅提高了日本民众对林业重要性的认识，而且为政府未来进行林业投资与管理决策发挥了重要作用。

（二）英国

2006年，英国组织28个与政策制定相关的组织和10个学术团体的科学家，在咨询654位政策制定者的基础上提出了1003个与政策制定相关的生态学问题，在此基础上又进一步凝练出14个主题的100个问题，其中第一个主题就是生态系统服务研究（Suther land et al.，2006），2009年12月4日，由英国国际发展署（DFID）、经济与社会研究理事会（ESRC）和自然环境研究理事会（NERC）资助，开始实施“生态系统服务与扶贫”（ESPA）计划，为发展具有复原能力的生态系统提供了拓展知识体系和增进了解的独特良机，并为决策者对生态系统的可持续性和扶贫管理提供了相关依据。2011年，英国500多名科学家利用2年的时间对25项生态系统服务进行了评估，并且编写了英国历史上第一份综合评估报告。

2012年12月，英国国家统计局（ONS）发布了一份名为“自然资本在英国的价值核算”的路线图，旨在将自然资本纳入英国环境账户。在这份路线图中，

ONS 制定了编制林地实物资产账户和货币资产账户、林木实物资产账户和货币资产账户以及林地生态系统账户的时间表。ONS 是在 SEEA-2012 中心框架的基础上编制的林地和林木实物资产账户和货币资产账户。在编制过程中，ONS 对 SEEA 所推荐的指标和表式做了适当的调整，使之更符合英国的国情和林情。此次试编工作作为衡量英国国家福利计划的一部分，属于初始实验性统计，由 ONS 与林业委员会，环境、粮食和农村事务部于 2013 年合作完成。

英国基于 SEEA-2012 相关理论进行了林地实物量、林木实物量和价值量的核算，并探索性地编制了林地实验性生态系统资产账户，还创建了林地生态系统资产账户和林地生态系统服务初始账户。与此同时，英国在开展林木价值量核算时，依据本国国情林情采取了 6 个假设值的思考，即：①所有林木资源的立木价格相同；② 5 年平均单位资源租金在整个账户资产生命周期中不变；③收获木材后，将获得净回报或资源租金；④收获年龄假设为 50 年，所有林木都可用于木材供应；⑤随着林木生长直至收获，每个龄级的预期立木蓄积量固定为收获年龄；⑥非均匀的社会折现率。可以说，英国森林资源核算是在 SEEA-2012 的基础上开展得较为全面的一次国际实践。

（三）其他国家

此外，德国森林资源核算通过林业当前账户、林业平衡表和林业积累账户反映森林资源资产的状态、使用、负债及净值变化情况。芬兰将森林资源核算体系分为森林资源实物量指标、森林资源价值量指标以及森林质量指标三部分，并通过环境边际成本估价方法计算了森林生态服务的价值。法国森林资源核算主要包括生物多样性、游憩、保育土壤、涵养水源、净化空气、固碳以及森林健康等方面的内容。韩国的森林资源核算主要以森林资源和森林产品的实物量统计描述为主，并适当采取一些简单的账户形式。印度开展了八项关于自然资源核算方面的研究，其中直接涉及森林核算的三项内容分别是中央邦和喜马偕尔邦的土地与森林自然资源核算、梅加拉亚邦的土地和森林环境核算，以及卡纳塔克邦的土地与林业（不含矿山）的资源核算（张颖，2015）。

总而言之，在森林资源核算框架性文件的指导下，各国积极开展了森林资源资产的核算研究与实践，尽管在核算框架的选择上有一定的趋同性，但由于各国所处的资源环境和经济社会背景不同，在具体的核算内容和侧重上存在一定差别。

（四）世界银行

2001 年，联合国环境规划署（UNEP）与世界银行（WB）共同组织来自 95 个国家的 1360 名科学家开展了千年生态系统评估（Millennium Ecosystem Assessment，MA），这是人类首次对全球生态系统的过去、现在及未来状况进行评估，并据此提出相应的管理对策，联合国千年生态系统评估工作极大地推进了生态系统服务研究在世界范围内的开展（MA，2005）。2003 年 7 月 10 日，世界银行、联合国开发计划署、环境规划署及世界资源研究所（World Resources Institute，WRI）在发布的《世界资源 2002—2004：为地球做出决策——平衡、声音和权力》报告中，呼吁世界各国政府调整对自然资源的管理政策，并呼吁让公众参与对生态系统产生影响的有关问题的决策。2010 年，世界银行开展了一项帮助各国将生态系统服务价值融入其会计系统的项目，以期通过对生态系统的管理，达到经济利益的最大化。

（五）世界自然保护联盟

世界自然保护联盟（International Union for Conservation of Nature and Natural Resources，IUCN）是全世界规模最大、最具影响力的自然保护网络。作为联合国千年生态系统评估（MA）的主要参与者，它提出，生态系统服务功能对于经济发展和消除贫困具有至关重要的作用，千年发展目标的各个具体目标之间是彼此联系、缺一不可的，必须将这些目标作为一个整体来努力实现，而没有先后之分。如果在第 7 项目标——确保环境的可持续性方面进行有效投资的话，就能促进其他几个目标的实现；反之只会加速生态系统服务功能的退化，阻碍其他几个目标实现的进程。IUCN 呼吁国际社会应采取更好的措施来保护和恢复脆弱的生态系统，采用更加科学的指标来评估生态系统服务功能的效益及其退化所带来的损失，并进一步加大投资力度，来实现环境可持续性的目标。此外，IUCN 与中国亿利公益基金会携手启动了中国首个生态系统生产总值体系项目，在中国建立并首次发布了一套直接反映自然生态系统状况及保护自然重要性的机制。

五、森林资源核算国内研究进展与探索实践

我国对森林资源核算研究的理论探索始于 20 世纪 80 年代左右。1990 年，

孔繁文等（1990）学者开始了对中国森林资源价值核算的初步探索，探讨了森林资源的核算对象、核算内容及核算方法，并按照美国世界资源研究所高级经济学家 Robert Repetto 在《自然资源核算》论文中提出的方法，试算出了中国森林资源的价值。1993 年，孔繁文等学者提出，进行森林环境资源核算并将其纳入国民经济核算体系是林业持续发展的有效途径，建议未来应开展对森林环境资源核算的理论方法、森林资源环境经济评价指标及指标体系的研究。2002 年以后，国家统计局开始组织翻译 SEEA-2003，以便为国内开展环境经济核算研究提供参考。2003 年，张颖指出，森林资源核算是环境资源价值核算的重要组成部分，并对森林资源核算的经济理论、主要方法、内容划分及基本框架进行了总结。2006 年，向书坚对 SEEA-2003 进行了梳理，归纳了国际上一些国家和国际组织提出的 SEEA-2003 需要进一步研究的 27 个问题，并将这些问题划分为短期问题和长期问题两大类。高敏雪等（2004）在联合国等国际组织发布的环境经济核算体系的基础上，结合其他国家的经验，初步设计了中国环境经济核算体系，提出了中国环境经济核算理论框架的目标、原则以及核算基础。2008 年，李金华在比较联合国国民经济核算体系（SNA）、社会和人口统计体系（SSDS）、环境和经济综合核算体系（SEEA）的基础上，提出了中国国民经济核算体系扩展延伸的思路和理论依据，并从理论和实践两个维度论证了对中国国民经济核算进行扩展延伸的现实性和可能性。2009 年，李金华又对 SEEA 的结构、内容、特点进行了详细的分析和解读，提出建立中国环境经济核算体系（CSEEA）的构想，并较为完整地设计了 CSEEA 的范式用以描述中国背景下的环境核算问题。2016 年，李忠魁在总结已有研究成果的基础上，指出当前我国森林资源价值核算研究框架已基本成型，但仍存在森林资源核算理论与方法学科定位模糊、指标体系和核算方法不规范导致核算结果不切实际等一系列问题，并提出明确森林资源价值核算的对象和目的，建立通用、科学、简明、可测的评估指标体系等 5 条建议。2019 年，王宏伟等学者系统梳理了国民经济核算和环境经济核算的内涵，界定了森林资源价值核算的相关概念，尝试构建既符合环境经济核算国际统计标准又与国民经济核算相衔接的、具有较强可操作性的森林资源价值核算框架、指标与方法体系，并提出相关政策建议（表 1-7）。

表 1-7　中国森林资源核算理论研究主要观点汇总

作者	时间	主要观点和贡献
孔繁文等	1990	探索中国森林资源价值核算的对象、核算内容以及核算方法，初步核算中国森林资源价值
孔繁文	1993	提出将森林环境资源核算纳入国民经济核算体系，是实现林业持续发展的有效途径
国家统计局	2002	组织翻译 SEEA-2003，为国内开展环境经济核算研究提供参考
张颖	2003	对森林资源核算的经济理论、主要方法、内容划分及基本框架进行总结
高敏雪等	2004	结合 SEEA-2003 和其他国家经验，设计了中国环境经济核算体系，提出中国环境经济核算理论框架的目标、原则以及核算基础
李金华	2009	对 SEEA 的结构、内容、特点进行了详细的分析和解读，提出建立中国环境经济核算体系构想，较为完整地设计了 CSEEA 的范式
王宏伟等	2019	研究提出既符合环境经济核算国际统计标准又与国民经济核算相衔接的、具有较强可操作性的森林资源价值核算框架、指标与方法体系

在实践方面，国家层面积极推动森林资源核算实践。2001 年，国家林业局组织开展了“中国可持续发展林业战略研究”，提出了“生态建设、生态安全、生态文明”的“三生态”思想。2002 年，国家统计局组织编写了《中国国民经济核算体系》，并设计了自然资源实物量核算表作为该体系的附属账户，尝试编制了全国土地、森林、矿产、水资源的实物量表。2004 年，为落实中央加快资源节约型和环境友好型社会建设，国家林业局和国家统计局联合启动了“绿色国民经济框架下的中国森林核算研究”，组建了专业团队，尝试将森林资源核算纳入国民经济核算体系之中。经过 5 年深入而系统的研究，取得了丰富的阶段性成果：一是开展了森林核算理论与方法研究，形成了一套较为系统的中国森林核算方法，在理论上取得了较大的突破，建立了从森林经济功能到森林生态功能的系统核算体系。二是研究提出了森林核算的理论框架和具体方法，为今后全面、科学地开展省级和区域森林核算提供了重要的技术规范和使用的操作手册。三是完成了林地林木实物量和价值量的核算。以中国第五次和第六次全国森林资源清查数据为基础，开展了面向全国 31 个省（自治区、直辖市）的林地、林木价格调查工作，统计了全国林地、林木的实物量核算和价值量核算结果；对 2004 年全国范围内包括木质林产品和非木质林产品在内的森林全

部实物产品产出进行了实物量核算和价值量核算；提出了开展森林生态服务价值核算研究的基本思路，重点从森林涵养水源、维持生物多样性、固土保肥、固碳释氧、防风固沙、净化空气和景观游憩等7个方面，对全国森林生态服务价值进行了测算。

2008年，国家林业局和国家统计局联合开展了新一轮“中国森林资源核算及绿色经济评价”体系研究。此次研究是对2004年研究工作的延续和深化，经过几年的发展与完善，此次研究更趋于科学合理，主要体现在以下几个方面。一是研究内容更加全面，包括“林地林木资源核算”“森林生态服务价值核算”“森林文化价值评估”以及“林业绿色经济评价指标体系”四个部分。二是核算数据更加准确可靠，核算基础数据主要基于政府部门正式公布的权威数据和科学规范的监测调查资料。三是核算方法更加科学合理，既借鉴了国际最新研究成果，又继承发展了原有的研究成果，还符合我国森林资源核算实际；五是核算过程更加严密有序，核算结果是在科学测算和反复认证的基础上取得。研究结果表明，截至2013年，全国林地林木价值为21.29万亿元，森林提供的生态服务价值为12.68万亿元。

2016年7月，国家林业局和国家统计局联合启动了“中国森林资源核算”三期项目研究，此次研究对往期研究成果进行了继承与发展，并适当创新，具体表现为以下几个方面：一是研究内容主要包括“林地林木资源核算”“森林生态服务价值核算”“森林文化价值评估”以及“林业绿色经济评价指标体系”四部分，是对研究内容的继承。二是在林地林木资源核算中，创新性地开展了全国林地林木价值核算指标调查，为价值量核算提供了坚实的理论方法和数据支撑；在森林文化价值评估中，开创性地提出了“人与森林共生时间”核心理论，创建了森林文化物理量和价值量的评估方法，构建了包括8项一级指标、22项二级指标、53项指标因子的森林文化价值评估指标体系，首次对我国森林的文化价值进行了评估，是研究内容的发展与创新。研究结果表明，截至2018年（第九次全国森林资源清查期末），全国林地林木资产总价值为25.05万亿元，森林提供生态服务价值达15.88万亿元、提供森林文化价值约为3.10万亿元（表1-8）。

表 1-8　中国森林资源核算实践主要活动

机构	时间	主要内容
国家林业局	2001	开展了“中国可持续发展林业战略研究”，提出了“生态建设、生态安全、生态文明”的“三生态”思想
国家统计局	2002	组织编写了《中国国民经济核算体系》，设计了自然资源实物量核算表作为该体系的附属账户，尝试编制了全国土地、森林、矿产、水资源的实物量表
国家林业局和国家统计局	2004	联合启动了“绿色国民经济框架下的中国森林核算研究”，尝试将森林资源核算纳入国民经济核算体系之中。取得了阶段性成果：一是研究提出了森林核算的理论框架和具体方法；二是完成了林地林木实物量和价值量的核算。三是提出了开展森林生态服务价值核算研究的基本思路，重点从森林涵养水源、维持生物多样性、固土保肥、固碳释氧、防风固沙、净化空气和景观游憩等 7 个方面，对全国森林生态服务价值进行了测算
国家林业局和国家统计局	2008	联合开展了新一轮“中国森林资源核算及绿色经济评价”体系研究，研究内容更加全面，包括“林地林木资源核算”“森林生态服务价值核算”“森林文化价值评估”以及“林业绿色经济评价指标体系”四个部分
国家林业局和国家统计局	2016	联合开展了第三期“中国森林资源核算”，在林地林木资源核算中，创新性地开展了全国林地林木价值核算指标调查；在森林文化价值评估中，开创性地提出了“人与森林共生时间”核心理论，首次对我国森林的文化价值进行了评估

同时，许多学者还从区域层面对森林资源进行了核算。张长江（2006）以江苏省为研究区域，估算了该省 2002 年森林资源与生态环境的价值，建立了江苏省森林生态环境经济核算循环账户及相应的循环矩阵。戴广翠等（2007）以吉林省吉林市丰满区和蛟河市为例，运用联合国粮农组织《林业环境与经济核算指南》提供的方法，核算了当地林地和林木资产的实物量和价值量、林产品及森林环境服务价值流量，估算了森林为国民经济其他部门及区域提供的产品和服务价值，较为客观、准确地反映了林业对国民经济和社会发展的贡献。张德全（2020）以第九次山东省森林资源连续清查数据为基础，利用森林核算最新研究成果和国家相关标准核算了山东省森林资源经济价值和环境资源价值。

中国森林资源核算相关理论和实践成果有效推动了森林资源核算在我国的快速发展，为世界开展森林资源核算提供了中国经验。

第二章 森林资源核算理论框架体系

2008年，国家林业局和国家统计局共同组织完成了“中国森林资源核算及纳入绿色GDP”研究项目，提出了“基于森林的国民经济核算框架和内容”，为开展中国森林资源核算提供了重要参考。2013年，国家林业局和国家统计局联合开展了新一轮“中国森林资源核算及绿色经济评价”体系研究，继续深入研究了森林资源核算的相关理论。在此基础上，本研究根据环境经济核算体系的最新发展，在充分吸收SEEA-2012相关理论的基础上，结合我国实际进一步完善了中国森林资源核算的理论框架。

一、森林资源核算的主要目标与基本原则

森林作为陆地生态系统的主体，蕴含着巨大的经济效益、社会效益和生态效益，构成了人类生存和社会发展的基本支撑。一方面，森林作为资源资产，为人类社会提供必不可少的木材资源和其他林产品资源；另一方面，森林作为环境资产，发挥着固碳释氧、保持水土、防风固沙、涵养水源、调节气候、维护生态多样性等多种环境服务功能。纵观历史，人类社会的进步与发展无不与森林的消长、林业的兴衰息息相关。林草兴，则生态兴，生态兴，则文明兴。因此，对森林资源进行核算，将其纳入国民经济核算框架具有十分重要的意义。

（一）主要目标

对森林资源进行系统而全面的核算，其根本目标在于要充分反映森林对于经济社会发展的贡献以及经济活动对森林所产生的影响。通过核算应该可以回答有关林业可持续管理以下几个方面的问题：森林对经济的总贡献有多大？森林可持续经营的受益有多少？森林受益在社会不同群体中是如何分布的？从森林资源耗减的角度看经济增长是否可持续？如何权衡森林利用者之间的竞争关系？森林利用如何达到最优状态？其他林业政策对森林利用有什么影响（联合国粮农组织，2004）？

为实现上述根本目标，森林核算必须完成以下两个方面的工作：第一，从实

物和价值两个层面上将森林存量核算与木材、非木质林产品、森林生态服务等流量核算结合起来；第二，将上述核算内容与国民经济核算内容衔接起来。对此进行具体拆解，可以将森林核算的功能目标概括为以下几点。

①将森林功能全面纳入核算范围，建立森林存量和流量核算体系；

②在实物量核算的基础上通过估价实现价值量核算，形成包括实物核算账户、价值核算账户两个层面的森林核算体系；

③在核算内容上，除了传统的林地林木存量核算之外，还要进行全面的森林产出和林业经济活动核算；

④将森林核算的结果纳入国民经济核算，进行总量指标调整，包括用林地林木价值针对国民资产负债核算进行调整，用森林资源耗减价值、森林环境退化价值、森林保护支出价值、森林环境服务价值等针对国内生产总值核算进行调整。

应该说，这些目标体现了森林核算最终要达到的理想高度。从实现过程看，需要根据现实可行性和管理需求制定目标的具体实施步骤，短期内应优先考虑那些具有现实紧迫性、操作可行性的部分。

（二）基本原则

森林核算是由传统林业统计、国民经济核算扩展而成，其目标是将森林纳入国民经济核算范围之内。森林核算作为综合环境经济核算的一个特定专题，目前仍处于探索过程中，这些特点决定了开展森林核算必须要在总体上遵循以下几个基本原则。

1. 与国民经济核算体系相衔接

森林核算不仅应全面、真实地评价森林对国民经济和社会发展的作用和贡献，还应反映经济发展所消耗的森林资源与付出的生态代价。

2. 与国际相关理论和实践接轨

中国森林资源核算以联合国 SEEA-2012 中心框架相关理论为依托，在结合国际最新研究成果的基础上，最大程度地保障核算内容、核算方法与国际相关研究成果相一致。同时，根据中国实际情况决定核算内容的取舍，最终形成适用于中国的森林资源核算体系。

3. 与中国森林资源和林业统计相衔接

与森林相关的统计数据是森林核算的基础，森林核算必须立足于中国基本国情和林情，与中国森林资源清查、林业统计以及生态监测等已有的统计调查体系相衔接，从而实现经济统计数据与森林物理量数据的有机结合。

二、森林资源核算的理论框架与组成部分

森林资源核算体系由五大部分组成，分别为：森林资源存量核算、森林资源流量核算、森林经营管理与生态保护支出核算、林业投入产出核算以及森林综合核算。

（一）森林资源存量核算

森林资源存量核算主要是林地林木核算，反映林地林木在特定时点上的存量。从一个时期看，不仅要核算期初、期末两个时点的资源存量，还要反映资源存量当期发生的变化。核算林地林木资源存量及变化需要在实物核算和价值核算两个层面上进行，先进行实物量核算，再在实物量核算的基础上，选择合适的估价方法，进行价值量核算。

（二）森林资源流量核算

森林资源流量核算主要是对森林产品和服务进行核算。一是核算直接来自森林的产品和服务，记录当期从森林中获得的产品和服务（包括木质林产品、非木质林产品和各种森林服务）的产量和使用去向；二是对上述初级产品进一步加工，记录林业产业链上全部林产品（初级林产品和加工制成品）的供应和使用。与森林资源存量核算相同，森林产品与服务核算也包括实物量核算和价值量核算两个方面。

（三）森林资源经营管理与生态保护支出核算

森林资源经营管理与生态保护支出核算也属于流量核算，用于反映经济体系在一定时期内为森林资源经营管理与生态保护所花费的支出。核算时首先要确定哪些活动的目的是森林资源经营管理与生态保护；然后，记录这些活动所发生的支出（投资性支出和经常性运行支出）。为了提供更详尽的信息，还应该区分不同的支出者，即政府部门、企业与住户或来自国外的出资者，区分支出的用途。

（四）林业投入产出核算

林业作为一类经济产业，其投入产出已经包括在传统国民经济核算中。由于国民经济核算无法独立体现现代林业的全部活动，需要通过森林核算的林业核算表，把散见于各个方面的林业活动集中在一起，综合显示其投入产出状况，以全

面评价林业发展及其成果。

林业投入产出核算的主体属于第一、二、三产业，对应上述森林产品和服务的区分，具体包括两个层次：一是直接以森林为对象的营林业、采运业；二是以初级林产品为加工对象的加工业，以及以森林旅游、保护、研发等各种活动为主的服务业。核算内容包括投入和产出两个部分，产出用各种产品表示（对应不同森林产品），投入则区分为中间投入和增加值（最初投入）两个部分。无论是投入还是产出都要进行价值量核算。

（五）森林综合核算

森林综合核算的目的是将森林全面纳入国民经济核算体系中。因此，核算结果最终必然反映在对经济总量指标的调整上：一是关于资产的调整。需要将核算得到的森林总价值（主要是林地林木总价值）纳入国民总资产和国民财富价值之中；二是对国民经济核算指标的调整。SEEA–2012 建议，要对营业盈余、国民收入和国民储蓄等指标进行调整。通过调整，一方面全面反映森林和林业对国民经济的贡献，另一方面反映经济发展所消耗的森林资源与付出的生态代价。然而，要准确地量化森林资源与经济活动的相互作用，并对森林资源的不同功能进行估价十分困难。目前，尚未有一个国家官方机构发布其调整数据。

上述五个部分互相联系，共同组成了中国森林核算体系（图 2–1）。林地林木存量核算和林产品服务流量核算是森林核算的基础，进而扩展到森林管理与生态保护支持核算和林业投入产出核算。

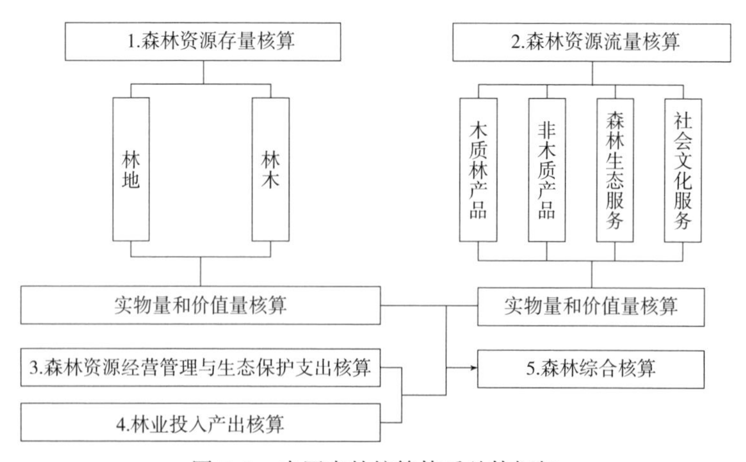

图 2–1　中国森林核算体系总体框架

三、森林资源实物量核算

森林资源实物量核算包括三部分：一是林地、林木资产核算；二是林产品生产与服务核算；三是林产品供给和使用核算。

（一）林地、林木资产核算

所有的林地、林木资产核算都包括三个部分：期初存量、核算期间的变化量和期末存量。核算期间的变化量既有经济活动引起的，也有自然和其他原因引起的。林地、林木存量如表 2-1 和表 2-2 所示，存量变动核算如表 2-3 和表 2-4 所示。

表 2-1 林地实物量核算 单位：公顷

项目	合计	培育资产	非培育资产
1. 天然林			
（1）乔木林地			
防护林			
特用林			
用材林			
能源林			
经济林			
（2）疏林地			
（3）灌木林地			
（4）竹林地			
2. 人工林			
（1）乔木林地			
防护林			
特用林			
用材林			
能源林			
经济林			
（2）疏林地			
（3）灌木林地			
（4）竹林地			
3. 未成林造林地			
4. 苗圃地			
5. 迹地			
6. 宜林地			
合计			

注：阴影部分代表核算内容，下同。

表 2-2 林木实物量核算 单位：立方米

项目	合计	培育资产	非培育资产
1. 天然林			
（1）乔木林			
防护林			
特用林			
用材林			
能源林			
经济林			
（2）疏林			
2. 人工林			
（1）乔木林			
防护林			
特用林			
用材林			
能源林			
经济林			
（2）疏林			
3. 其他林木			
（1）散生木			
（2）四旁树			
合计			

注：在实物量核算中不包括经济林和竹林，在价值量核算中包括经济林和竹林。

表 2-3 林地实物量变动 单位：公顷

项目	天然林	人工林	其他林地
期初存量			
本期增加			
经济因素			
自然因素			
本期减少			
经济因素			
自然因素			
其他因素			
本期净增加			
期末存量			

表 2–4 林木实物量变动 单位：立方米

项目	天然林	人工林	其他林木
期初存量			
本期增加			
经济因素			
自然因素			
本期减少			
经济因素			
自然因素			
本期净增加			
期末存量			

（二）林产品生产与服务核算

林产品生产与服务主要包括营林和木材采运产品、非木质林产品、其他林产品、森林经济服务和森林生态服务。林产品生产与服务核算属于流量的核算，分商业性生产和自用等，如表 2–5 所示。

1. 营林和木材采运产品

主要包括森林自然生长量、原木和其他林产品，如橡胶、软木等。

2. 非木质林产品

主要包括动物产品（或原料），如狩猎或养殖的动物和家禽的肉、皮毛等产品；植物产品（如原料），包括林中采集的野生或林下种植的浆果、蘑菇、山野菜、中药材、花卉等。

3. 其他林产品

主要指上述没有包括的、由森林直接提供的实物产品。

4. 森林经济服务

包括森林游憩、森林旅游、森林提供的就业机会和林下放牧等服务。

5. 森林生态服务

主要包括固碳释氧、涵养水源、固土保肥、防风固沙、生物多样性保护和净化空气等服务。

表 2–5　林产品生产与服务实物量核算

单位：立方米、吨、公顷，等

项目	产业				产品		
	营林	木材采运	其他	合计	商品	自用	合计
1. 营林和木材采运产品							
（1）林业在产品							
（2）初级林产品或原料							
2. 非木质林产品							
（1）植物产品或原料							
①林木种子类							
②苗木类							
③原料类							
④干果类							
⑤水果类							
⑥林产饮料类							
⑦食用菌及笋类							
⑧林产调料类							
⑨花卉类							
⑩中药材							
（2）动物产品或原料							
①狩猎和捕捉动物							
②野生植物饲养繁殖							
3. 其他林产品							
4. 森林经济服务							
5. 森林生态服务							

（三）林产品供给和使用核算

林产品供给和使用表主要核算不同产业间林产品的供给、中间消费和最终使用情况。在林产品供给和使用表中，林产品核算的内容与表 2–5 中的林产品内容是一致的。

林产品供给表中：总供给量 = 产品总产量 + 进口量

林产品使用表中：总使用量 = 中间消费量 + 最终使用量

林产品供给和使用核算的内容见表 2–6、表 2–7。

表 2-6 林产品供给实物量

单位：立方米、吨，等

<table>
<tr><th rowspan="3">供给</th><th colspan="8">产品</th><th rowspan="3">进口</th><th rowspan="3">总供给</th></tr>
<tr><th colspan="3">木制产品</th><th colspan="2">非木质产品</th><th>其他林产品</th><th>森林服务</th><th rowspan="2">总产量</th></tr>
<tr><th>在产品</th><th>初级产品或原料</th><th>……</th><th>植物产品或原料</th><th>动物产品或原料</th><th>……</th><th>……</th></tr>
<tr><td>营林业</td><td></td><td></td><td></td><td></td><td></td><td></td><td></td><td></td><td></td><td></td></tr>
<tr><td>木材采运业</td><td></td><td></td><td></td><td></td><td></td><td></td><td></td><td></td><td></td><td></td></tr>
<tr><td>木材加工业</td><td></td><td></td><td></td><td></td><td></td><td></td><td></td><td></td><td></td><td></td></tr>
<tr><td>林产化学</td><td></td><td></td><td></td><td></td><td></td><td></td><td></td><td></td><td></td><td></td></tr>
<tr><td>多种经营</td><td></td><td></td><td></td><td></td><td></td><td></td><td></td><td></td><td></td><td></td></tr>
<tr><td>其他</td><td></td><td></td><td></td><td></td><td></td><td></td><td></td><td></td><td></td><td></td></tr>
</table>

表 2-7 林产品使用实物量

单位：立方米、吨，等

<table>
<tr><th rowspan="3">使用</th><th colspan="8">中间消费</th><th colspan="3">最终使用</th><th rowspan="3">总使用</th></tr>
<tr><th colspan="3">木制产品</th><th colspan="2">非木质产品</th><th>其他林产品</th><th>森林服务</th><th rowspan="2">总计</th><th rowspan="2">消费量</th><th rowspan="2">出口量</th><th rowspan="2">资本形成</th></tr>
<tr><th>在产品</th><th>初级产品或原料</th><th>……</th><th>植物产品或原料</th><th>动物产品或原料</th><th>……</th><th>……</th></tr>
<tr><td>营林业</td><td></td><td></td><td></td><td></td><td></td><td></td><td></td><td></td><td></td><td></td><td></td><td></td></tr>
<tr><td>木材采运业</td><td></td><td></td><td></td><td></td><td></td><td></td><td></td><td></td><td></td><td></td><td></td><td></td></tr>
<tr><td>木材加工业</td><td></td><td></td><td></td><td></td><td></td><td></td><td></td><td></td><td></td><td></td><td></td><td></td></tr>
<tr><td>林产化学</td><td></td><td></td><td></td><td></td><td></td><td></td><td></td><td></td><td></td><td></td><td></td><td></td></tr>
<tr><td>多种经营</td><td></td><td></td><td></td><td></td><td></td><td></td><td></td><td></td><td></td><td></td><td></td><td></td></tr>
<tr><td>其他</td><td></td><td></td><td></td><td></td><td></td><td></td><td></td><td></td><td></td><td></td><td></td><td></td></tr>
</table>

四、森林资源价值量核算

（一）森林资源价值量核算主要表式

森林资源的价值量核算与实物量核算相对应，是在实物量核算的基础上，通过一定的估价方法转化而得。森林资源实物量核算是十分必要的，但只核算森林资源的实物量却是远远不够的，因为只有对森林资源进行价值量核算，才能将其与现有的国民经济核算体系结合起来，形成综合环境经济核算体系，表 2-8 为推荐的价值评估方法。

表 2–8　森林资源价值量核算估价方法

核算内容	估价方法
林地	现行市价法、年金资本化法、林地期望价法、林地费用价法
林木	立木法、消费价值法、净现值法
木质林产品	市场价格
原木、商品材、非商品材	市场价格、当地同类产品市场价格、相近替代产品价格
非木质林产品	市场价格、当地同类产品市场价格、相近替代产品价格
森林经济服务	
林中放牧	相近产品替代价格、生产成本
森林游憩	旅行成本法、享乐价格法、条件价值评估法及联合分析法
森林生态服务	
固碳	碳税、碳排放许可交易价格、全球气候变化转移损失
生物多样性和栖息地保护	条件价值评估法及联合分析法
水土保持等服务	损失成本法、预防成本法、条件价值评估法及联合分析法

森林资源的价值量核算是针对存量和流量的核算。存量核算是对林地、林木资产进行核算；流量核算是对林产品和森林服务进行核算。

林地、林木资产存量、流量价值核算的表式与其实物量核算的表式相对应；林产品与服务价值量表式与其实物量核算的表式相对应；林产品供给与使用价值量表式也与其实物量核算的表式相对应，林业总产值、中间消耗和增加值核算见表 2–9 至表 2–16。

表 2–9　林地价值量核算　　单位：元

项目	合计	培育资产	非培育资产
1. 天然林			
（1）乔木林地			
防护林			
特用林			
用材林			
能源林			
（2）疏林地			
（3）灌木林地			
（4）竹林地			
（5）经济林（包括乔木林、灌木林类型）			
2. 人工林			
（1）乔木林地			

（续）

项目	合计	培育资产	非培育资产
防护林			
特用林			
用材林			
能源林			
（2）疏林地			
（3）灌木林地			
（4）竹林地			
（5）经济林（包括乔木林、灌木林类型）			
3. 未成林造林地			
4. 苗圃地			
5. 迹地			
6. 宜林地			
合计			

表 2-10　林木价值量核算　　单位：元

项目	合计	培育资产	非培育资产
1. 天然林			
（1）乔木林			
防护林			
特用林			
用材林			
能源林			
（2）疏林			
（3）竹林			
（4）经济林			
2. 人工林			
（1）乔木林			
防护林			
特用林			
用材林			
能源林			
（2）疏林			
（3）竹林			
（4）经济林			
3. 其他林木			
（1）散生木			
（2）四旁树			
合计			

表 2-11　林地价值量变动核算　　单位：元

项目	天然林	人工林	其他林地
期初存量			
本期增加			
经济因素			
自然因素			
本期减少			
经济因素			
自然因素			
重估价			
本期净增加			
期末存量			

表 2-12　林木价值量变动核算　　单位：元

项目	天然林	人工林	其他林木
期初存量			
本期增加			
经济因素			
自然因素			
本期减少			
经济因素			
自然因素			
重估价			
本期净增加			
期末存量			

表 2-13　林产品与服务价值量核算　　单位：元

项目	产业				产品		
	营林	木材采运	其他	合计	商品	自用	合计
1. 木质林产品							
（1）林业在产品							
（2）初级林产品或原料							
2. 非木质林产品							

（续）

项目	产业				产品		
	营林	木材采运	其他	合计	商品	自用	合计
（1）植物产品或原料							
①林木种子类							
②苗木类							
③原料类							
④干果类							
⑤水果类							
⑥林产饮料类							
⑦食用菌及笋类							
⑧林产调料类							
⑨花卉类							
⑩中药材							
（2）动物产品或原料							
①狩猎和捕捉动物							
②野生植物饲养繁殖							
3. 其他林产品							
4. 森林服务							
①经济服务							
②生态服务							

表 2-14　林产品与服务供给价值　　单位：万元

供给	产值								进口	产品税和补贴	贸易运输差价	总供给
	木制产品			非木质产品		其他林产品	森林服务	总产值				
	在产品	初级产品或原料	……	植物产品或原料	动物产品或原料	……	……					
营林业												
木材采运业												
木材加工业												
林产化学												
多种经营												
其他												

表 2-15　林产品价值使用　　单位：万元

<table>
<tr><th rowspan="3">使用</th><th colspan="9">中间消费</th><th rowspan="3">总附加值</th><th colspan="3">最终使用</th><th rowspan="3">总使用</th></tr>
<tr><th colspan="3">木制产品</th><th colspan="2">非木质林产品</th><th>其他产品</th><th>森林服务</th><th rowspan="2">总计</th><th rowspan="2"></th><th rowspan="2">消费量</th><th rowspan="2">出口量</th><th rowspan="2">资本形成</th></tr>
<tr><th>在产品</th><th>初级产品或原料</th><th>……</th><th>植物产品或原料</th><th>动物产品或原料</th><th>……</th><th>……</th></tr>
<tr><td>营林业</td><td></td><td></td><td></td><td></td><td></td><td></td><td></td><td></td><td></td><td></td><td></td><td></td><td></td><td></td></tr>
<tr><td>木材采运业</td><td></td><td></td><td></td><td></td><td></td><td></td><td></td><td></td><td></td><td></td><td></td><td></td><td></td><td></td></tr>
<tr><td>木材加工业</td><td></td><td></td><td></td><td></td><td></td><td></td><td></td><td></td><td></td><td></td><td></td><td></td><td></td><td></td></tr>
<tr><td>林产化学</td><td></td><td></td><td></td><td></td><td></td><td></td><td></td><td></td><td></td><td></td><td></td><td></td><td></td><td></td></tr>
<tr><td>多种经营</td><td></td><td></td><td></td><td></td><td></td><td></td><td></td><td></td><td></td><td></td><td></td><td></td><td></td><td></td></tr>
<tr><td>其他</td><td></td><td></td><td></td><td></td><td></td><td></td><td></td><td></td><td></td><td></td><td></td><td></td><td></td><td></td></tr>
</table>

表 2-16　林业总产值、中间消耗和增加值核算　　单位：万元、%

项目	总产值	中间消耗	增加值	占总产值比重	
				中间消耗	增加值
营林业					
木材采运业					
木材加工业					
林产化学					
多种经营					
其他					

（二）林地、林木资源价值核算估价方法

本书在第二部分分别从全国、分经济区、市、县尺度对林地、林木资源进行了实物量核算和价值量核算，因此重点介绍在中国森林资源核算体系下林地、林木价值核算的估价方法。

对林地、林木资源资产进行价值评估，以我国林草行业目前使用的《森林资源资产评估技术规范（2015）》中的估价方法为依据，参考 SEEA–2012 提出的林地、林木资源资产价值核算推荐方法，结合中国森林资源调查特点，选取了以下适合的林地、林木价值评估方法用于价值量核算。林地、林木资产价值估价方法的基本假设包括：持续经营假设（林地、林木资产类型在经营期内保持不变，持续开展林业经营活动）；不变价格假设（采用现价对将来生产经营期内的林业生产经营活动的收入与支出进行预估，同时折现率、投资收益率也扣除通货膨胀因素）。

1. 林地价值核算的估价方法

当前，用于林地价值评估的方法主要有现行市价法、林地期望价法、林地费用价法以及年金资本化法。前 3 种方法所需参数多，计算较为复杂，适用于小范围内的具体林地价值评估。而年金资本化法仅需要林地年平均纯收入或林地年平均租金一个参数，不仅适用于具体林地的价值评估，也适用于大范围内的林地价值评估。鉴于基础数据的可获得性，本研究最终采用了年金资本化法用于林地价值的评估。在林地价值的评估过程中，还充分参考了林地征占用补偿标准以及林地流转价格统计资料。其中，林地年平均租金采用样本乡镇、林场的调查数据，在省（自治区、直辖市）内按照面积进行加权平均，求算不同林地类型的年租金，公式为：

$$V = \sum_{i=1}^{n} \frac{A_i}{P}$$

式中：V 为林地价值；i 为林地类型的种类；A_i 为第 i 种林地类型的年平均租金；P 为折现率。

本研究中林地资产的折现率选用 2.5%。折现率一般按照经济利率（纯利率）+风险率的方法确定。由于林地经营周期长，投资回报期长，折现率远低于社会平均收益率，纯利率选择 1.5%，风险率选择 1%，因此林地资产折现率选择 2.5%。

2. 林木价值核算的估价方法

本研究中的林木价值按照乔木林、经济林和竹林 3 种类型分别进行核算。其中，乔木林核算步骤为：①对不同优势树种的林分按照不同龄组进行划分；②根据不同龄组采用不同估价方法进行核算；③分类汇总。天然乔木林、人工林林木价值评估数据均以人工用材林数据作为参考。

在全国范围内进行林木价值评估，会存在各种径级或龄级的林木，所以仅用一种评估方法难以客观地评估林木价值。SEEA-2012 推荐的净现值法、立木价格法、消费价值法针对不同林木各有其适用程度。《森林资源资产评估技术规范（2015）》也指出，林木资产评估要根据不同林种、龄组，选择适用的评估方法和林分质量调整系数进行评定估算。

本研究以《森林资源资产评估技术规范（2015）》为依据，结合全国森林资源清查统计结果，考虑到数据的可获得性，确定幼龄林估价采用重置成本法；中龄林估价采用收益现值法；近熟林、成熟林和过熟林采用市场倒算法。其中，中龄林估价的收益现值法基本原理与 SEEA–2012 推荐的净现值法相一致，近成过熟林的市场倒算法基本原理则相当于 SEEA–2012 推荐的立木价格法。

资金市场上的商业利率由经济利率（纯利率）、风险率、通货膨胀率三部分构成。在森林资源资产评估中，由于其涉及的成本均为重置成本，即现实物价水平的成本，其收入与支出的物价是在同一个时点上，不存在通货膨胀率。因此，在森林资源资产评估中采用的利率仅含经济利率和风险率两部分。目前，世界上许多国家确定经济利率的方法是，用一个稳定的政府发形国债的年利率（风险率为 0）扣除当年的通货膨胀率，剩余部分则为经济利率，大约为 3.5%。根据营林生产的实际，商品林经营的年风险率一般不超过 1%。考虑到森林资源资产经营纯收益率不高，参考国家森工基本建设资金贷款利率水平，本研究林木蓄积量价值评估中投资收益率取 4.5%。

（1）幼龄林价值评估

研究曾尝试采用市场法评估幼龄林价值，由于我国林木交易市场不完善，幼龄林状态交易林木的情况较为少见，较少交易案例的平均价格不具有代表性。因此，本研究最终选取了重置成本法对幼龄林价值进行评估。重置成本法是按现实的工价及生产水平重新营造一块与被评估森林资源资产相类似的森林资源资产所需的成本费用，公式为：

$$V_n = K\sum_{i=1}^{n} C_i\ (1+P)^{n-i+1}$$

式中：V_n 为第 n 年林龄的林木价值；C_i 为第 i 年的以现行工价及生产水平为标准的生产成本；K 为林分质量调整系数；P 为投资收益率。

幼龄林价值评估的投资收益率取 4.5%。

（2）中龄林价值评估

中龄林的价值核算采用收益净现值法，即将被评估林木资产在未来经营期内各年的净收益按照一定折现率进行折现后累计求和，得出林木资产评估的价值。其原理与 SEEA–2012 推荐的净现值法相一致，公式为：

$$V_n = \sum_{t=n}^{u} \frac{A_t - C_t}{(1+P)^{t-n+1}}$$

式中：V_n 为林木资产评估值；A_t 为第 t 年收入；C_t 为第 t 年支出；u 为经营期；P 为投资收益率；n 为林分年龄。

中龄林价值评估的投资收益率取 4.5%。

（3）近成过熟林价值评估

近成过熟林价值评估采用市场倒算法，用被评估林木采伐后取得的木材市场销售总收入，扣除木材经营所消耗的成本及木材生产经营段利润后，剩余部分作为林木资产评估林木价值，市场倒算法的基本原理相当于立木价格法，公式为：

$$V = W - C - F$$

式中：V 为近成过熟林林木价值；W 为木材销售总收入，对应木材价格；C 为木材生产经营成本，对应采运成本、销售管理费用等；F 为木材生产经营利润。

（4）经济林价值评估

经济林盛产期核算采用收益净现值法。即经济林未来经营期内的净收益折现累积求和，公式为：

$$V_n = A\frac{(1+P)^{u-n} - 1}{P(1+P)^{u-n}}$$

式中：V_n 为经济林评估价值；A 为盛产期内年净收益；u–n 为盛产期年限；P 为投资收益率。

经济林投资收益较高，国内经济林的林木价值评估普遍采用投资收益率 6%，本研究采用 6% 的投资收益率。

（5）竹林价值评估

竹林价值评估一般采用年金资本化法，新造未成熟竹林可采用重置成本法。竹林稳产期核算采用年金资本化法，公式为：

$$V = \frac{A}{P}$$

式中：V 为竹林价值评估；A 为竹林的年净收益；P 为投资收益率，一般取 6%。

本研究中，竹林林木价值评估按照毛竹林、杂竹林两大类评估，投资收益率与经济林一致为 6%。

五、森林资源经营管理与生态保护支出核算

森林资源经营管理与生态保护支出核算的对象主要为森林经营和生态保护活动，核算内容主要包括经常性支出和投资性支出（表 2–17）。

表 2–17　森林资源经营管理与生态保护支出核算　　单位：万元

项目	投资主体					森林经营管理与生态保护活动						
	政府	企业	个人	外资	其他	造林	管护	经营	防火	病虫害防治	其他	总计
经常性支出												
材料费												
人工费												
固定资产折旧												
税费												
……												
合计												
投资性支出												
基本建设支出												
固定资产购置												
合计												
其他												
合计												

六、森林资源核算数据来源

森林资源核算数据主要来源于全国森林资源清查、全国森林生态连清、林业统计、国民经济统计核算等权威途径，如表 2–18。

表 2–18　森林资源核算数据来源汇总

核算内容	数据来源	提供的数据
1. 林地、林木	森林资源资产评估	林地面积、立木蓄积量的实物量数据，包括不同时期的资产评估数据
	全国和地方森林资源调查	不同时期林地面积、立木蓄积量的清查数据
	林业统计年鉴和专项调查	森林病虫害，火灾发生，防治面积，费用，森林生态环境保护费用、森林采伐面积，每年的林地、活立木蓄积量统计数据
	国民经济统计核算材料	森林资源价值核算的资料，尤其是人工林的价值核算，如估价、资产负债表、财富表等

（续）

核算内容	数据来源	提供的数据
2. 森林产品与服务	林业统计年鉴和专项调查	林业和林产工业产品的实物量统计数据，林副产品实物量、价值量统计数据，非木质林产品统计数据
	全国森林资源清查	水源涵养林、水土保持林、防风固沙林、自然保护区、特用林等面积
	地方森林资源调查和专项调查	水源涵养林、水土保持林、防风固沙林、自然保护区、特用林等面积
	国民经济统计核算资料	营林业、采运业、非木质林产品产出的价值统计数据。包括：产出量、中间消耗量、增加值、固定资产消耗、工资、经营业盈余和存量变化；林业供给和使用表；林业投入—产出和社会核算表
3. 森林服务		
固碳	全国森林资源清查；有关国家级气候变化项目的研究资料	人工林和天然林固碳实物量数据，固碳的价格确定的数据，固碳的实物量、价值量变化的数据等
森林旅游	全国森林资源清查；全国林业统计年鉴	森林公园数、面积、森林旅游的人数，消费支出、森林旅游收入
生物多样性保护	全国森林资源清查；有关国家级环境变化项目的研究资料	自然保护区面积、物种、生态系统统计数据，自然保护区经费投入、收入
其他	没有定期的数据来源	
4. 森林资源经营管理的支出	国民经济统计核算资料	包括各种森林资源经营管理活动支出数据，但还需要辅助调查

第三章 森林资源资产负债表编制研究

一、森林资源资产负债表编制工作进展

（一）自然资源资产负债表理论研究进展

自然资源资产负债表作为一个全新的概念，自提出以来迅速成为研究热点，从国家到许多地方政府都对自然资源资产负债表的编制工作进行了积极有益的探索。由于自然资源资产负债表本身的复杂性，各级政府在探索编制的过程中，更多关注自然资源资产，而对负债的内容涉及较少。当前的文献研究对于自然资源资产负债表编制的一些关键问题还缺乏共识，例如如何定义负债问题，如何构建核算框架和主要表式等。对于自然资源负债的定义，目前文献研究大致可以分为四个类别，第一类为不应确认自然资源负债的观点。耿建新等（2015）认为，自然资源资产负债表实质是自然资源平衡表，以现行技术及会计学科中负债的定义看，应把环境保护和自然资源管理成本单独设置成功能账户网。第二类从会计理论对负债的定义出发，将人类经济活动对自然资源环境破坏而需要承担的现时义务，包括资源消耗、环境污染和生态破坏造成的影响，定义为自然资源负债（封志明等，2015）。负债的价值计量是从成本角度衡量，包括环境治理和资源、生态恢复的成本等。第三类是将自然资源的过度利用部分，即自然资源耗减[①]确认自然资源负债。高敏雪（2016）提出了自然资源使用权益的概念，在此基础上构建了具备会计三要素和动态平衡关系的自然资源资产负债表，并与可持续发展管理过程联系起来，将自然资源资产负债表研究引向实践应用。向书坚等（2016）以公共产权资源为理论契点，认为自然资源负债为经济主体对公共产权资源的过度使用、消耗而导致未来生产条件受阻、经济产出减少所必须承担的一种现时义务，其负债的计量取决于公共产权资源承载力的临界点。但在实践中，资源承载力的临界点确认操作难度较大。第四类是从资产

① 资源耗减是指社会经济活动中因对资源的过度使用而产生的各类自然资源的消耗。

负债表编制主体角度出发，认为主体本身在资源管理权限内的经济活动造成可持续平衡态的资产减少，即对应相应的负债偿还义务。

（二）森林资源资产负债表理论研究进展

森林资源作为一种重要的自然资源，是自然资源资产负债表编制的主要内容之一。森林资源资产负债表是自然资源资产负债表在森林资源领域的延伸。国内大多数与森林资源资产负债表相关的研究集中在森林资源核算，包括林地、林木资源核算和森林生态服务功能核算方面。柏连玉（2016）提出，在森林资源资产负债表理论体系中，林业会计是基石，林业可持续发展是指导，绿色 GDP 是核心，森林资源核算是支撑，森林资源资产评估是补充。对于森林自然资源资产负债表的概念认识，大多数研究者都是基于会计核算理论出发，提出资产、负债和净资产的概念。张颖等（2016）把森林资源耗减、生态建设保护投入定义为负债。王骁骁（2016）认为，森林资源资产负债是由于过去不合理的开发利用而产生的现时义务。一些学者基于中国森林资源核算项目组成果，对森林资源资产和负债价值化技术进行了案例研究，提出了基于森林资源核算理论的森林资源资产负债表基本框架。少数研究认为，森林资源负债指的是，超过资源正常消耗或者可持续平衡态的资产减少部分。米明福等（2018）认为在国有林场层面，森林资源资产负债表展示某一时点森林资源需要偿还负债、结构及偿还主体，其指标是代表着森林生态系统可持续发展水平的特征指标、阈值指标，其值的大小为负债指标由于非上级原因产生的资产减少。张志涛等（2018）认为，森林资源资产负债是指超过林地、林木资源使用上限的部分，即资源耗减。

（三）森林资源资产负债表框架和表式研究进展

由于理论界对自然资源资产负债表的一些关键问题尚未形成共识，导致实践中构建的自然资源资产负债表包括森林资源资产负债表的表式存在多种形式。目前国内相关研究中包括会计报表表式设计、统计报表表式设计、实物量账户设计、价值量账户设计以及分项资源账户设计等多种形式。从个人层面，房林娜等（2015）针对贵州省试点情况提出了统计报表表式的核算表式。戴广翠等（2015）研究基于 SEEA-2012 采用了资产账户的形式提出了森林资源资产负债表表式。一些研究人员采用了会计资产负债表报表表式，对于负债的确认基本沿用企业会计理论，缺乏对森林资源资产负债的深入研究。从国家层面，2015 年，根据中央改革要求，国家统计局牵头组织相关部门研究制定了以资产账户为基础的自然资源资产负债表表式，相关指标主要来源于国家标准或者行业标准，并印发了编制指南。其中，森林资源资产账户分为林木资源存量及变动表、森林资源质量及变动表两个表格，分别通过森林资源的蓄积量和单位面积蓄积量指标衡量。经过试点，2017 年森林资源资产账户调整为林木资源期末（期初）存量及变动表、林木资源年度变动表、森林资源期末（期初）质量及变动表 3 张表格，发生的变化为：一是将森林资源年度变动情况单独编制成表，集中反映森林资源增加及减少情况；二是增加了林地资源存量及变动核算，通过增加林地面积指标来衡量。2018 年新一轮试点，森林资源资产账户调整为林木资源期末（期初）存量及变动表和森林资源期末（期初）质量及变动表两个表格（表 3–1、表 3–2），保留核算林木和林地两大资源存量及变动情况，不再编制森林资源存量年度变动表。

表 3–1　林木资源期末（期初）存量及变动

填报单位：　　　　　　　　　　　　　　　　　　　　　计量单位：公顷、立方米

指标名称	代码	森林											其他林木
		合计	乔木林						竹林		特殊灌木林		
			合计		天然		人工		天然	人工	天然	人工	
		面积	面积	蓄积量	面积	蓄积量	面积	蓄积量	面积		面积		蓄积量
甲	乙	1	2	3	4	5	6	7	8	9	10	11	12
期初存量	01												
存量增加	02												
存量减少	03												
期末存量	04												

补充资料：林地总面积 _______ 公顷。

表 3-2 森林资源期末（期初）质量及变动

填报单位： 计量单位：立方米 / 公顷

指标名称	代码	天然乔木林 单位面积蓄积量	人工乔木林 单位面积蓄积量	乔木林 单位面积蓄积量
甲	乙	1	2	3
期初水平	01			
期内变动	02			
期末水平	03			

国家开展的自然资源资产负债表编制试点明确提出了林木资源资产账户，包括林木资源存量及变动表和森林资源质量及变动表。这一资产负债表表式是基于环境资产账户设计的。然而，由于缺乏对负债进一步探索，该资产负债表对于资源的监测预警和决策支持的支撑作用发挥不充分。

二、森林资源资产负债表的有关概念

目前国内研究大多数将林地、林木资源作为森林资源资产负债表的编制对象，并提出了森林资源资产负债表核算框架，但具体内容不尽相同。整体上看，现有的研究结果与林业资源管理实践缺乏紧密联系，对森林资源管理和利用的评价作用有所不足。如同自然资源资产负债表编制面临的问题一样，森林资源资产负债表编制也面临着如何定义负债、如何计量、如何建立核算框架表式的关键问题。高敏雪（2016）提出了自然资源资产负债表的三层构架核算体系，并以此为基础设计了水资源资产负债表编制的核算框架表式。该项研究以 SEEA 环境经济核算的环境资产账户关于资产存量变动表为基础，将自然资源使用权益概念引入自然资源资产负债表中，在综合环境经济核算的理论基础上进行了延伸和创新，搭建了从自然资源资产核算理论到编制自然资源资产负债表的应用之间的桥梁，推进了自然资源资产负债表编制在自然资源管理方面的实际结合应用，对于完善森林资源资产负债表编制研究具有重要参考意义和借鉴价值。因此，本研究在总结分析国内外森林资源资产核算及森林资源资产负债表相关研究的基础上，根据高敏雪研究提出的三层核算框架，以满足森林资源资产负债表的实践管理需求为目标，提出了森林资源资产负债表有关指标概念，构建了森林资源资产负债核算框架。鉴于森林资源调节服务和文化服务的多样性，本研究只对森林资源中的林地和林木资源开展资产负债表编制设计。

（一）基本概念

1. 森林资源资产

SEEA–2012 中关于环境资产的定义强调了环境资产可为人类带来惠益，这种惠益既包括经济效益，也包括社会效益和生态效益。森林资源资产的范围应该涵盖所有的林地和林木资源。本研究将森林资源资产定义为能够提供经济效益、社会效益和生态效益的林地和林木资源。

2. 森林资源负债

本研究认为，在编制森林资源资产负债表时，应从中国森林资源管理实践出发，与资源总量管控、红线管理等现行措施结合，反映林地损毁、林木资源乱砍滥伐等突出问题，同时关注因森林生态破坏造成的影响，以便为管理部门提供决策依据。由于当前森林资源管理对生态破坏的影响缺乏全面监测，生态损失的价值计量也缺乏统一标准，导致生态破坏造成的对环境的“负债”难以统一计量。因此，基于编制自然资源资产负债表现阶段的技术力量，本研究着重关注资源功能的负债，随着研究的深入和相关核算技术、标准的成熟，将进一步考虑将生态损失（耗减）纳入负债的计量和核算框架。因此，当前阶段森林资源资产负债表中的负债仅指资源功能的负债，其含义是人为经济活动造成林地、林木资源消耗量超过可持续利用（林地使用定额、森林采伐限额）之外的部分（即资源耗减），如果不存在“超采”，则认为没有发生负债。

3. 森林资源净资产

以资产与负债相减，余值作为基于森林资源使用权益的净资产。

（二）森林资源资产负债表编表思路

如前文所述，经济活动过程中资源的过度消耗被视为“欠账”，进而定义为对未来的“负债”、对环境的“负债”。自然资源只有进入经济体系，被过度消耗才能确认“负债”。按照高敏雪的研究思路，本研究从三个层面对森林资源核算体系进行设计。第一是森林资源实体层面核算，编制森林资源存量及变化核算表（包括实物量账户和价值量账户），显示国家或地区拥有的森林资源在核算期的期初和期末存量，揭示当期存量变化的因素。这一层面的核算对象范围、核算表式都来自环境经济核算体系中的环境资产账户（包括林木资源、林地资源）。第二是森林资源经营权益层面，基于森林资源经营权益编制森林资源资产存量及其变化表（包括实物量账户和价值量账户），显示进入经济体系中的森林资源存量和当期发生的增减变化及其因素。这一层面的核算对象范围对应编制国民资产负债表所覆盖的森林资源，即被经济体系所认可、所有权确定、可以为经营者带来经济利益的森林资源。第三是在森林资源使用权益（包括林地使用权、林木采伐权）层面，基于使用权益资产及实际采伐利用编制森林资源资产负债表，显示一个时期可用于森林资源采伐利用权益资产、实际采伐利用的森林资源，以及对应发生的"超采"，就是我们要着力揭示的森林资源"负债"。这个层面的核算，是对环境经济核算框架下自然资源核算的扩展。

三、森林资源资产负债表基本框架和主要表式

根据三层构架模式，分别对森林资源实体、森林资源经营权益、森林资源使用权益设计核算表及其指标内容，重点讨论基于森林资源使用权益的资产负债表。

（一）森林资源实物量核算表

森林资源资产包括林地资源资产和林木资源资产两部分。林地资源资产用林地面积指标表征，林地资源资产类别按照林地类型标准进行划分；林木资源资产用林木蓄积量指标表征，并按照乔木林、其他林木两种类型划分。

1. 林地资源资产

林地资源是森林资源的基础和根本，林地面积是衡量和评价林地资源状况的最基本指标。通过核算区域内林地资源面积期初存量、期间增减变动、期末存量，可以反映区域内一定时期内的林地资源资产状况。林地质量也是反映林地资源状况的重要指标，但目前很难有一个可操作性强的监测指标去衡量林地质量，因此，现阶段森林资源资产负债表可将编制重点放在林地资源数量的核算上。林地资源资产的价值，可在实物量核算的基础上，根据价格参数、抽样调查结果和林地估价技术方法进行核算。林地资源资产实物存量及变动表式见表 3-3。

表 3-3　林地资源资产实物量存量及变动　　单位：公顷

项目	天然林	人工林	其他林地
期初存量			
期间增加			
造林			
自然扩张			
期间减少			
采伐			
自然缩减			
期末存量			

2. 林木资源资产

林木资源与林地资源不可分割，林木资源主要是指乔木林（天然林、人工林）、其他林木（疏林、四旁树、散生木）的蓄积量。通过核算区域内林木资源期初存量、期间增减变动、期末存量，可以反映区域内一定时期的林木资源资产状况。林木资源资产的价值量，可在实物量核算的基础上，根据价格参数、抽样调查结果和林木资源资产估价技术方法进行核算。林木资源资产实物存量及变动表式见表 3-4。

表 3-4　林木资源资产实物存量及变动　　单位：立方米

项目	天然林	人工林	其他林木
期初存量			
期间增加			
自然生长			
再分类 　……			
期间减少			
自然损失			
灾害损失			
采伐			
毁林			
再分类 　……			
期末存量			

（二）森林资源经营权益核算表

第二层构架设计，即编制森林资源经营权益核算表，可以借鉴表3–3和表3–4的结构，如表3–5。经营权益属于无形资产，造成增减变化的原因主要是指政策调整导致的经营权益变化和相关经济活动因素，核算对象是经过确权后进入经济体系的森林资源，目前国内所有的林地、林木资源所有权都经过确权，属于国有或者集体。因此，核算对象与森林资源实物量核算范围相同。森林资源经营权益可以区分为国有、集体、个人、企业。在经营权益流转过程中，比较常见的情况是地上物林木随林地一同流转。因此，森林资源经营权益核算表重点针对林地资源进行设计。再分类因素是指由于政策调整导致的非林地和林地之间的相互转化。例如，非林地造林后划入林地管理，属于再分类增加；由于林地征占用等因素造成林地减少，属于再分类减少。

表3–5　林地资源经营权益变动　　单位：公顷

项目	国有	集体	个人	企业
期初存量				
期间增加				
再分类				
转入				
期间减少				
再分类				
转出				
期末存量				

（三）基于森林资源使用权益的资产负债表

森林资源使用权益范围较广，本研究只针对林地使用权益和林木使用权益（具体指采伐权益）编制资产负债表。一方面，林地资源和林木资源的直接利用关系着森林资源的可持续经营利用，是森林资源使用权益实现的根本保障。另一方面，在国家林业宏观管理中，一直重视林地资源征占用管理和林木采伐管理，对林地、林木资源管理实施总量控制，分别是林地征占用定额管理和林木采伐限额管理。因此，基于林地使用权益和林木使用权益编制资产负债表具有重要的管理实践价值。

根据会计学资产负债表构成三要素，设计资产负债表：a. 将得到确认（或者分配）的森林资源使用权益作为经济系统的初始“资产”；b. 以森林资源实际使用量与上述确权量相比较，未超出部分作为对“资产”的抵减，超出部分则定义为“负债”；c. 以资产与负债相减，余值作为基于森林资源使用权益的净资产。其中“负债”，代表经济活动超出森林资源可持续利用量之外的部分（即资源耗减），如果不存在资源耗减，可视为没有发生负债；所谓“净资产”代表在森林资源开采权益层面资产与负债的对比关系，正值表示节余下来的森林资源利用权益，负值则表示超额使用森林资源使用权益。

引入动态平衡关系，编制包含期初存量、当期变化量、期末存量的森林资产负债表。所谓动态关系，就是资产负债表首先反映特定时点（比如年末）的资产负债情况，然后依据“期初存量 +/– 期内变化 = 期末存量”的平衡关系，将两个时点（期初和期末）静态资产负债表和期间内的资产负债动态变化表综合起来，形成与森林资源实物量表和森林资源经营权益表具有一致功能的森林资源资产负债表框架。通过资产负债表，一方面可以显示围绕森林资源使用权形成的资产、负债、净资产的时点总量，同时可以展示当期围绕森林资源使用权的确立、管理和使用而发生的资产、负债、净资产变化过程。基本表式见表 3–6、表 3–7。

1. 林地资源耗减

为了可持续利用林地资源，满足经济社会可持续发展对林地利用的需要，国家制定了《全国林地保护利用规划纲要》（2010—2020 年），设定了一定时期内区域林地征占用定额，林地征占用不能超过定额上限。把林地征占用定额作为标准，实际林地征占用与定额相比较，超过部分定义为耗减，即负债。基于林地使用权益的资产负债表编制，可以把期初分配的林地征占用定额（林地使用权益）作为资产初始计量（期初存量），耗减定义为负债，净资产等于资产减去负债，见表 3–6。

表 3–6　基于林地使用权益的资产负债　　单位：公顷

项目	资产	负债	净资产
期初存量（林地征占用定额）			
林地实际使用量			
期末存量			

2. 林木采伐限额过耗

为了可持续利用森林资源，一般遵循采伐量小于生长量的基本原则，国家林业主管部门制定了一定时期内各省区林木采伐限额，各省区编制下一级区域的林木采伐限额。在林木采伐管理中，实施采伐指标申请制度，将采伐限额指标落实到经营主体。具体实施过程中，林业主管部门严格将采伐指标控制在采伐限额以内。林木实际采伐量超过采伐限额的部分定义为耗减，就是负债。基于林木采伐权益的资产负债表编制，可以把期初分配的林木采伐限额作为资产初始计量（期初存量），耗减定义为负债，净资产等于资产减去负债，见表 3–7。

表 3–7　基于林木采伐权益的资产负债　　单位：立方米

项目	资产	负债	净资产
期初存量（林木采伐限额）			
林木实际采伐量			
期末存量			

（四）森林资源资产负债表基本框架和主要表式

本研究提出了森林资源资产、森林资源负债的概念、指标和核算表式。研究认为森林资源资产负债表的基本框架，应该以森林资源管理实践为基础，以自然资源核算为理论支撑，构建包含“底表—辅表—主表”自下而上的三层负债表体系，实现存量与流量，分类与综合，实物量和价值量并重（图 3–1）。

底表作为森林资源资产负债表编制研究的基础账户，是为了实现森林资源资产、负债指标核算的基础数据表，详细记录与统计了核算期内森林资源存量和变动情况、森林资源利用等属性。核算的数据基础主要是已有的地方森林资源调查数据、森林资源管理档案数据和监测统计数据，核算方式全部为实物量核算。

辅表作为编制森林资源资产负债表的辅助账户，反映核算期森林资源资产与负债的各类指标核算表，包括林地资源存量变动表、林木资源存量变动表、基于林地使用权益的资产负债表、基于林木采伐权益的资产负债表等 4 个指标的实物量和价值量核算表，具体表式可见表 3–3、表 3–4、表 3–6、表 3–7。由于各指标的实物量单位各不相同，无法实现最终的综合核算，因此必须在主表中通过价值化来实现资产、负债指标的综合。

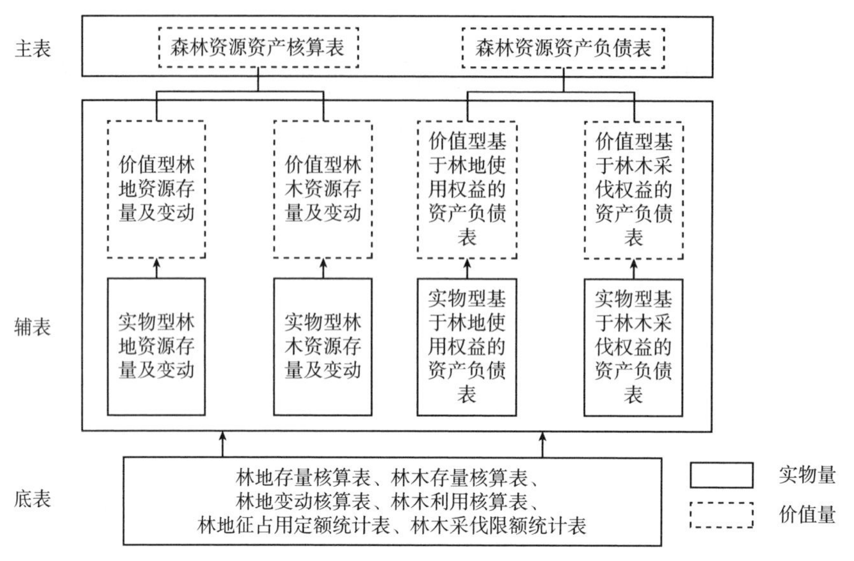

图 3-1　森林资源资产负债表核算框架

主表作为开展资产负债核算的直接账户，反映核算期内的森林资源资产和负债的总体情况，包括森林资源资产核算表（表 3-8）、森林资源资产负债表（表 3-9）（基于使用权益基础）两张表格。森林资源资产核算表包括区域森林资源期初存量、期末存量和期间变化量，以价值量衡量。森林资源资产负债表（基于使用权益基础）包括基于林木采伐权益和林地使用权益的资产、负债和净资产，超过额定使用部分的森林资源利用量定义为负债，表中数量关系满足“资产 = 负债 + 净资产”的平衡关系。

表 3-8　森林资源资产核算表表式　　单位：亿元

项目	林地	林木	合计
期初存量			
期间变化量			
期末存量			

表 3-9　森林资源资产负债表表式　　单位：亿元

项目	资产	负债	净资产
期初存量			
实际使用量			
期末存量			

四、森林资源资产价值核算估价方法

实物量核算和价值量核算是编制自然资源资产负债表的前提条件，编制自然资源资产负债表应遵循“实物与价值并重”的原则。实物量核算是指对资源环境的基础调查数据进行统计，从而反映自然资源资产在某一时点的数量及使用情况，揭示自然资源资产的存量及其变化，便于对同种资源在不同时间进行纵向比较。价值量核算是在实物量核算的基础上，通过一定的估价方法，将对自然资源存量及其变化进行货币化的统一度量，便于对不同资源进行横向比较。因此，价值量核算不可或缺。二者之间的关系在于，实物量核算是价值量核算的基础，价值量核算是实物量核算的货币表达。如何对自然资源进行价值量核算仍是自然资源资产负债表编制的核心内容与难点所在。如前文所述，编制森林资源资产负债表与森林资源核算一脉相承，森林资源核算包括对林地、林木的实物量与价值量核算，可为编制森林资源资产负债表提供现成数据。相应估价方法已在“林地、林木资源价值核算估价方法”中具体介绍。

五、森林资源资产负债表编制讨论

本节基于森林资源资产负债表编制，提出自然资源资产负债表编制过程中存在的问题及对策建议，并针对本文提出的森林资源资产负债表编制框架和主要表式进行总结和研究展望。

（一）森林资源资产负债表编制过程中存在的问题

森林资源资产负债表编制试点工作经过不断试错和经验总结，目前形成了一套比较固定的账户体系。但在编制过程中发现的问题仍值得我们深入思考，以进一步完善编表工作。

1. 森林资源资产账户填报存在的问题

一是森林资源资产负债表按照年度填报的统一要求与森林资源调查间隔期不一致，导致森林蓄积量相关的一些指标数据需要估算，由于没有统一的模型，客观上降低了数据精度和准确性。二是调查技术、保障条件与填报要求脱节。如最新一期自然资源资产负债表编制要求数据 100% 来自调查，而试点县普遍反映以目前的技术条件与经费保障条件很难满足上述要求。

2. 森林资源资产账户编制应用存在的问题

编制工作重视数据填报的质量，对资产负债表的应用重视不足。编制工作从试点开始就重视指标设置、数据填报质量等问题，但对资产负债表编完后如何应用等问题准备明显不足。省级森林资源资产账户填报仅仅是完成了森林资源调查监测数据的汇总和估计推算，针对森林资源增减变化分析不足，未提供与编表配套的分析报告。资产负债表作为一种经济资产的分析管理工具，除了反映资产存量之外，更要对资产的变动及背后的原因进行深入分析，以便更加全面反映资产管理者、使用者的权利义务落实情况。

自然资源资产负债表的考核制度设计不清晰。编制试点填报过程中，由于基础数据不完善，导致自然资源资产负债表的考核作用基本无法发挥。另外，目前采用通过对行政区内的所有森林资源（包括国有和集体所有）变动情况对地方政府（仅行使国有资源所有者职责）考核的方式，容易造成地方政府在资源管理中层层加码，以增加森林资源，满足当前评价考核需要为首要目的，实际上并不利于资源的可持续利用。

（二）关于自然资源资产负债表编制与应用情况的建议

编制自然资源资产负债表要以自然资源资产管理应用为导向，坚持分类管理原则，明晰中央、地方政府行使自然资源资产所有权的资源清单，以编制全民所有自然资源资产负债表为突破口，落实全民所有自然资源资产管理相关职责。

1. 找准自然资源资产负债表编制工作的职责定位

准确认识全民所有自然资源资产负债表编制工作在全民所有自然资源资产管理中的地位作用。2018 年，国务院机构改革组建了自然资源部，按照中央要求，统一行使自然资源资产所有者职责，就是要着力解决所有者产权虚置、权益不落实、管理系统性不强、职责交叉等问题。编制全民所有自然资源资产负债表并向社会公众定期报告，可以体现自然资源部和各级地方政府代理行使自然资源所有权的职责，有利于加强对全民所有自然资源资产的监督，有利于加快统一技术标准，实现各类自然资源资产在同一平台上管理，体现自然资源资产管理的统一性和权威性。

厘清编制全民所有自然资源资产负债表与领导干部自然资源资产离任审计等评价考核的关系。“探索编制自然资源资产负债表，对领导干部实行自然资源资产离任审计”。这两项改革试点任务既相互联系又相互独立。自然资源资产负债表可以提供本地区一定期限内自然资源的存量和增减变化情况。离任审计既有对生态文明建设政策执行情况的审计，也有对政策执行后果即自然资源环境状况的评价，两者不可相互替代。2016年，《绿色发展指标体系》和《生态文明建设考核目标体系》公布，森林覆盖率、森林蓄积量两项指标被纳入年度评价指标和考核指标。但存量指标一般难以反映森林资源变化及其背后的原因。自然资源资产负债表恰恰可以发挥这样的功能，两者相互补充。因此，自然资源资产负债表编制工作有利于从制度上解决全民所有自然资源资产所有权产权虚置、权益不落实等问题。

2. 进一步明确自然资源资产负债表编制工作思路

编制工作要坚持问题导向和目标导向，以编制全民所有自然资源资产负债表为突破口，以解决全民所有自然资源资产产权虚置、权益不落实等突出问题为重点，建立有利于资源保护和可持续利用的科学评价考核体系，贯彻落实绿色发展理念。

编制工作要根据部门职责，建立固定的工作队伍，形成横向部门分工协调和纵向联动的工作机制。要实现资产管理与资源监管之间的衔接。编制工作和资源监管要共用一个数据平台，相互配合、相互监督，彻底解决数据孤岛和各自为政的问题。要有坚强的制度支撑，将编制全民自然资源资产负债表向社会公布接受监督，形成固定制度，作为代理行使全民所有自然资源资产所有权职责部门的首要任务。

3. 选择适宜自然资源资产负债表编制的技术方法

编制全民所有自然资源资产负债表是一项综合性的评价工作。基于森林资源角度，自然资源资产负债表编制需要重点考虑以下两个方面。

一是明确资源资产分类管理的原则。建议编制工作按照不同资源资产类型，实施分类管理。根据资产的经济属性特征，可以分为公益性资产和经营性资产。森林、草地等以主要发挥生态效益为主的资源，划为公益性资产，编表侧重实物量属性，兼顾价值量属性。土地资源、矿产资源、水资源等以主要发挥经济效益为主的资源，编表同时兼顾实物量和价值量属性。

建立一套科学适用的核算表式。建议编制工作考虑自然资源本身的自然属性特征和现有的资源调查技术手段。以森林资源为例，林木资源属于可更新生物资源。如果森林实现科学管理，则可以为经济社会发展可持续提供木材供给。在森林资源调查技术支撑方面，我国已经建立起了全国森林资源清查体系和森林资源二类调查体系，技术体系较为健全。森林资源资产负债表表式的科学性在于选择合适的指标反映森林资源特征，以及资源存量变化和森林质量。资产负债表表式的适用性在于结合森林资源调查技术实际，最大化利用已有工作基础，不能为追求逻辑形式上的完美，反而增加了实际操作难度。因此，建议林木资源资产账户中森林面积等指标可以按照年度填报，森林蓄积量等指标可以根据森林资源调查实际情况，每次清查期填报一次增减变动，真实反映森林资源的存量变化。

4. 建立完善编制自然资源资产负债表的实现路径

编制全民所有自然资源资产负债表是一项全新的任务，需要完善制度建设，提高制度之间的协调性，发挥全民所有自然资源资产负债表编制在自然资源资产管理中的引领作用。

建立健全统一工作平台和数据平台。现阶段，建立由自然资源部牵头，不同自然资源资产管理部门参与的横向协作机制，中央和省级自然资源管理等部门的纵向协作机制，实现对全民所有自然资源资产管理全覆盖。建立统一数据平台，同一技术标准下，实现不同部门之间的数据资源共享和交换机制。

建议统一评价报告体系。做好自然资源资产负债表评价与绿色发展评价体系等相衔接，评价地方政府全民所有自然资源资产监管责任落实情况。建立健全全民所有自然资源资产评价报告制度，兼顾数量和质量、存量和变化，既分析存量变化情况，又剖析原因，客观反映自然资源资产对经济社会发展的关系，为领导干部评价考核提供扎实依据。

（三）森林资源资产负债表编制回顾及展望

目前，森林资源资产负债表编制研究和实践多数是从森林资源统计和会计核算理论角度出发，提出相应的资产负债表表式，但理论研究与实践联系不紧密，特别是与现有森林资源管理（例如定额管理、红线管理）结合不紧密，无法全面客观反映森林资源可持续利用状况和存在的资源过耗的问题，致使研究成果比较欠缺实用性。因此，本研究在“扩展的自然资源核算”基础上，结合森林资源管理实际，在自然资源核算理论框架下，提出了森林资源资产和负债的概念，构建了森林资源资产负债表三层核算框架，设计了底表—辅表—主表的表式结构。森林资源资产存量及变动表对应环境资产账户，描述各类资源存量和期间变动（包括实物量和价值量），表中实物量数据利用现有森林资源调查和森林资源管理档案数据，为数据填报提供便利。主表中的森林资源资产表描述资源总量存量和期间变动（只包括价值量），森林资源资产负债表基于林地、林木使用权益的资产负债表，描述森林资源是否可持续利用，是否存在耗减，并评价政府在森林资源利用中的绩效。

比较之前森林资源资产负债表相关研究成果，本研究明确了森林资源资产、负债的概念和核算框架等自然资源资产负债表编制的关键问题。在资产负债表设计上，紧密结合了森林资源管理实际，在林木采伐权益和林地使用权益基础上，定义森林资源耗减属于负债，并实现资产、负债和净资产平衡，在表式上，明确了森林资源资产负债表是不拘泥于会计资产负债表的全新框架体系。此外，森林资源管理不仅仅关注数量问题，还应关注质量问题，本研究对如何将森林资源质量纳入资产负债表核算研究不足，应在后续研究中不断丰富完善，构建既体现存量又反映质量的森林资源资产负债表。

生态环境问题是全球关注的焦点问题，也是中国经济社会发展面临的重大挑战。编制自然资源资产负债表是基于中国国情的生态文明制度建设的创新，具有重大理论价值。国外的环境经济核算理论侧重从环境资产本身的特性（数量、价值量、使用方向）去研究环境资产的存量和变动，更具有理论的一般价值和普遍意义。中国的自然资源资产负债表，是以加强对自然资源资产的核算和保护、对各级政府保护自然资源的责任进行考核为目的。因此，自然资源资产负债表应该是一套体系，既反映自然资源总量（存量），又反映自然资源增减变动和原因，以及自然资源质量的指标体系。并且这些指标体系能够与行为主体的责任相联系。森林资源资产负债表的编制要突出实用性，针对各级政府在资源管理和保护的职责和绩效进行考评。因此，开展研究必须沿着环境经济核算基础理论和实践要求的路径，进行创新性研究，才能达到预期的研究目的。

第四章　全国林地林木资源核算研究

中国森林资源核算研究始于20世纪80年代开展的森林资源资产核算，并于2010年和2015年分别完成了《绿色国民经济框架下的中国森林核算研究（2010）》和《生态文明制度构建中的中国森林资源核算研究（2015）》。林地林木价值核算是以SEEA-2012为基础，依据森林资源清查数据、林业经济统计数据等调查数据，对中国林地资源、林木资源的存量和流量进行实物量与价值量的核算。本研究以林地、林木资源存量为核算对象，在基于全国第八次森林资源清查核算结果的基础上，对全国第九次森林资源清查期间的林地、林木资源的实物量和价值量进行核算，具体内容如下：

一、林地林木资源核算主要内容

（一）核算目的

对林地面积、林木蓄积量的存量及变动进行核算，是森林资源核算的重要组成部分，也是进行森林核算的起点。对于林地、林木的存量及变动量，需要分别对其进行实物量和价值量的核算。

对林地、林木的存量进行核算，一方面可以反映出我国现有森林资源（目前测算的林地和林木）的拥有量。其中，实物量核算反映林地的面积和林木的蓄积量；价值量核算反映林地、林木的经济价值。另一方面，森林资源作为一种可再生资源，受自然因素和人类社会经济活动的影响，其存量在一定时期之内又是变动的，可能由于土壤、气候条件适宜，或人工的培育和管理，使得林地面积扩大，林木蓄积量增加，也可能由于火灾、病虫害等自然灾害的影响，或由于人为的采伐引起林地面积和林木蓄积量减少。对林地、林木进行实物量和价值量核算，就是将森林作为一种资源资产，通过一定的方法和手段，对森林这种资产在一个核算期内的存量状况、变动量以及发生变动的原因进行量化分析。

（二）核算内容的界定

研究根据全国森林资源清查资料，对全国范围内的林地、林木进行存量和变动量的实物量和价值量核算。

1. 核算对象及范围

林地，是指由县级以上人民政府规划确定的用于发展林业的土地。包括郁闭度 0.2 以上的乔木林地以及竹林地、灌木林地、疏林地、迹地（包括采伐迹地和火烧迹地）、未成林造林地、苗圃地等。

林木，包括树木和竹子。本研究核算的对象和范围是除香港特别行政区、澳门特别行政区和台湾省外，中国主权领土范围内的所有林地及林木中的乔木（不包括灌木和木质藤本）和竹子。

2. 核算分类

在森林资源现行统计和管理中，森林资源（包括林地和林木）按照起源、用途和林龄的不同，可进一步细分为以下类别：

按林木起源，分为天然林和人工林；按用途，分为防护林、特种用途林、用材林、能源林和经济林；按林龄，分为幼龄林、中龄林、近熟林、成熟林和过熟林。

在森林核算中，按照国民经济核算的定义，根据培育方式或起源，森林可进一步分为培育资产和非培育资产。培育资产是指本身是人工造林生产的结果，或者其生产过程已经被置于人类管理控制之下的森林；非培育资产是指主要依赖自然繁衍、其生长处于一种自然过程之中的森林。大体上，人工林相当于培育性资产，天然林则相当于非培育资产。

3. 核算内容

本研究主要对林地、林木存量及变化的实物量和价值量进行核算。首先，对期初、期末林地和林木实物量及价值量进行核算。其次，对核算期内因经济、自然或其他因素造成的林地和林木存量变动情况进行核算。其中，实物量核算是对林地面积和林木蓄积量及变动的核算；价值量核算是在实物量核算的基础上，根据相应的价格，通过适当的估价方法，将实物量转化为价值量。

（三）核算原则

在进行林地、林木核算时，主要遵循了以下原则：①充分利用现有全国森林资源清查统计结果；②森林资源分类既要符合国民经济核算的分类原则，也要结合我国现行森林资源清查统计分类方法；③价值核算以各地林业生产经营的实际调查统计数据为基础；④价值评估方法选择与数据可获得性一致原则。

（四）核算期

在进行林地、林木核算时，鉴于我国森林资源清查是每 5 年进行一次，本研究将 5 年作为一个核算期，并对全国第九次森林资源清查期间的林地林木资源价值进行核算。与全国森林资源清查的年份相对应，核算期的期初存量为第九次全国森林资源清查的期初存量，期末存量为第九次全国森林资源清查的期末存量，变动量核算期为第九次全国森林资源清查期间（2014—2018 年）。

（五）价值量核算估价方法

具体见前文“林地林木资源价值核算估价方法”。

（六）核算组织与实施

林地、林木资源核算实现从实物量到价值量的转化，除了应用适当的估价方法外，根据价值量账户指标要求，还需调查统计不同林地类型单位林地面积的价值量、不同林地类型单位面积流转价格、不同树种活立木（竹）交易价格、不同树种单位面积营造林成本、不同树种木材综合利用成本收益、不同经济林和竹林成本收益情况等指标，作为对林地、林木资产进行估价的数据基础。本研究通过抽样调查方式采集林地林木资源价值量核算需要的林地、林木生产经营相关成本、价格等技术经济参数。

1. 抽样调查方法

林地林木资源价值核算技术经济指标调查以省级行政区域为总体，通过适当的抽样方法调查样本指标，推算总体林地、林木资源资产状况的指标均值。通过抽样调查保障样本均值对总体均值的代表性，以省级行政单位为总体，以乡镇和国有林场一级的林地、林木资源生产经营单位为调查样本，对样本相关的林业生产经营技术经济指标进行调查，在检查样本数据的基础上，求算加权平均值作为总体的林业生产经营技术经济指标均值。这些均值数据与林地、林木资源实物量（面积、蓄积量等）数据匹配，根据确定的适当估价方法评估林地、林木资源资产价值量。

根据林地林木资源核算研究工作的实际情况，基于工作任务量、调查人员队伍情况，本研究确定在全国抽取500个样本单位。样本单位确定为基层国有林场、乡镇。为保证样本代表性，一般需要采用大样本随机抽样方法。本研究采用了二阶段不等概率抽样方法，以保证更多的具有典型性的样本单元被抽中。

抽样调查的第一个阶段——根据全国总调查样本数量500个，按照省级林地面积占全国林地面积的比例，确定省级行政区域应该开展调查的县级样本数，每个县一般确定3个国有林场、乡镇样本数。其次，采用县级林地面积成比例不等概率等距抽样方法确定初级单元（区、县级单位），将省级行政区域内的县级单位按照顺序排列，根据各县级单位林地面积累计数和县级样本数量，确定抽样间隔，在抽样间隔内确定一个随机数确定初始入样单元，按照上述抽样间隔，确定其余初级样本单元（区、县级单位）。

抽样调查的第二个阶段——在被抽中的区、县级单位中，按照各个乡镇和国有林场距离县城的远近，将乡镇、国有林场进行编号，根据所需要的乡镇、国有林场样本数量进行等距抽样。根据乡镇和国有林场总数量和样本数，确定抽样间隔，在抽样间隔内确定一个随机整数确定初始入样单元，按照上述间隔，确定其余二级样本单元，即乡镇或者国有林场，具体抽样调查方法详细说明见附件一。

2. 调查组织实施

本研究开展了全国31个省（自治区、直辖市）的林地林木资源价值核算抽样调查，国家林业和草原局发展研究中心负责抽样调查的技术路线和调查指标体系设计，具体内容见附件二，各省级林草部门配合完成。

省级林草主管部门根据抽样调查方法和确定的初级单元数抽取全省范围内的样本区、县，指导全省范围内样本区、县开展调查工作。对区、县级林草主管部门上报的乡镇、国有林场调查表进行审核和汇总。各区、县级林草主管部门负责林地林木资源价值核算调查方案的实施，区、县级调查部门按照确定的抽样调查方法，抽取调查单元，制定调查方案，选取样本乡镇、国有林场，负责乡镇和国有林场调查表的数据解释、审核和上报。

3. 数据质量控制

调查数据的质量是保障核算结果的关键。本研究在以往研究的基础上，重点加强了抽样设计和样本调查工作。从以下四个方面加强调查数据的质量管理。一是抽样调查采用二阶不等概率抽样方法，确保了样本对总体的代表性。全国抽取 500 个样本单位填写林地林木资源价值核算专项调查表，这些大样本数据保证了调查指标数据的信度。二是林地林木资源价值核算的调查指标与现行的林业统计和森林资源调查相关指标一致，保障了数据的可获得性和测量效度。三是建立了数据填报培训机制。正式调查前，专门组织专家开展数据调查培训。培训会上对来自全国 31 个省（自治区、直辖市）的林草部门相关工作人员和各大森工集团的相关工作人员进行集中培训，详细解释调查表的填报方法、指标含义和工作开展方案等。四是建立了调查指标数据分析沟通机制。项目组与各省级数据填报工作人员及时沟通数据填报中发现的问题，审核修正数据，保障数据质量，并在北京、宁夏、青海、新疆等地开展实地调研，为数据总体质量提供参考。对于个别遗漏数据或异常数据，采用区域平均值进行替代，确保数据的完整性和可比性。

4. 评估基准期

本研究评估的基准期为 2017 年度，相关平均数据均为评估基准期内有效数据。

5. 数据资料的说明

森林资源价值量核算以实物量为基础，全国森林资源实物量按行政单位统计。因此，森工集团上报的数据资料作为所在行政区的经济技术指标的参考，不作为核算单元。

根据林地年平均租金的基础数据，采用年金资本化法评估林地价值。在林地价值评估过程中，充分参考了林地征占用补偿标准以及林地流转价格统计资料。

由于当前条件下，天然林和按用途划分的防护林、特用林、能源林的林木价格，很难取得准确有效的数据。因此，本研究没有按照起源和林种划分，而是采用人工用材林的各龄组林价估计其他林分相应龄组林价；采用人工用材林的平均林价估算疏林蓄积量、散生木蓄积量和四旁树蓄积量的价格。

二、林地林木资源实物量核算结果分析

（一）实物量核算账户

从实物量看，林地存量表现为林地面积，林木存量表现为林木蓄积量。

1. 林地实物量核算账户

林地核算是对林地资源面积存量及其变动进行核算。林地核算所需要的指标包括不同林地类型的林地面积。这些指标基于第九次全国森林资源清查技术体系确定的林地资源分类体系。林地类型包括：乔木林地、灌木林地、竹林地、疏林地、未成林造林地、苗圃地、迹地以及宜林地[①]。并将乔木林地按照五大林种即用材林、防护林、特用林、能源林、经济林进一步划分。

2. 林木实物量核算账户

林木核算是对林木蓄积量存量及其变动进行核算。林木核算所需要的指标包括不同立木类型的林木蓄积量，包括：乔木林、疏林、其他林木（包括散生木、四旁树），并将乔木林按照五大林种即用材林、防护林、特用林、能源林、经济林进一步划分。

（二）数据来源

实物量核算所需要的数据来源于全国森林资源清查结果，包括各类林地面积统计、各类林木蓄积量统计、天然林资源面积蓄积量统计、人工林资源面积蓄积量统计、竹林面积株数统计、经济林面积统计、林木蓄积量统计、林木蓄积量年均各类生长量消耗量统计、乔木林各龄组年均生长量消耗量按起源和林种统计、林地面积核算、森林面积转移动态、天然林面积转移动态、林木年均采伐消耗量按起源统计、人工林面积转移动态、森林以外的其他林地面积转移动态、地类变化原因分析表、地类变化原因人为因素分析表、地类变化原因其他因素分析表、经济林面积按起源和类型统计、乔木林各龄组面积蓄积量按优势树种统计、乔木林各林种面积蓄积量按优势树种统计、天然乔木林各龄组面积蓄积量按优势树种统计、天然乔木林各林种面积蓄积量按优势树种统计、天然乔木林各龄组面积蓄

---

① 2020 年 7 月 1 日开始实施的《中华人民共和国森林法》指出林地包括：乔木林地以及竹林地、灌木林地、疏林地、采伐迹地、火烧迹地、未成林造林地、苗圃地等，由于本次核算期为第九次全国森林资源清查期间（2014–2018 年），因此土地分类仍然沿用第九次森林资源清查的地类划分标准，即乔木林地、灌木林地、竹林地、疏林地、未成林造林地、苗圃地、迹地以及宜林地。

积量按权属和林种统计、人工乔木林各龄组面积蓄积量按优势树种统计、人工乔木林各林种面积蓄积量按优势树种统计、人工乔木林各龄组面积蓄积量按权属和林种统计等数据。

（三）林地林木资源实物存量核算及变动分析

第八次全国森林资源清查与第九次全国森林资源清查的林地林木资源统计分类发生变化。在进行分析时，主要采用第九次清查的统计指标对第八次清查数据进行再分类。

1. 实物量存量核算

（1）林地

①全国森林资源清查林地存量核算

根据第九次全国森林资源清查数据核算，全国现有林地资源资产存量为32368.55万公顷，与第八次全国森林资源清查期末相比，5年间，林地面积增加1322.37万公顷，增长了4.26%（表4–1）。其中，以人工林为主的培育资产面积增加8.53万公顷，增加了0.09%；以天然林为主的非培育资产面积增加1313.84万公顷，增加了5.99%。

表4–1　全国林地实物量存量核算结果　　单位：万公顷

项目	合计	培育资产	非培育资产
第九次清查	32368.55	9152.01	23216.54
第八次清查	31046.18	9143.48	21902.70
变化（%）	4.26	0.09	5.99

i. 第八次清查。根据第八次全国森林资源清查结果核算，林地存量31046.18万公顷（专栏4–1）。其中，以人工林为主的培育资产面积为9143.48万公顷，以天然林为主的非培育资产面积为21902.70万公顷，分别占林地存量总面积的29.45%和70.55%，非培育资产面积是培育资产的2.40倍（表4–2）。

表4–2　第八次全国森林资源清查林地存量核算　　单位：万公顷

项目	合计	培育资产	非培育资产
1. 天然林	17647.16		17647.16
（1）乔木林地	11824.45		11824.45
防护林	6770.55		6770.55
特用林	1273.35		1273.35

（续）

项目	合计	培育资产	非培育资产
用材林	3558.75		3558.75
能源林	150.74		150.74
经济林	71.06		71.06
（2）疏林地	286.91		286.91
（3）灌木林地	5176.13		5176.13
（4）竹林地	359.67		359.67
2. 人工林	7461.24	7461.24	
（1）乔木林地	6692.42	6692.42	
防护林	1799.33	1799.33	
特用林	147.33	147.33	
用材林	2734.33	2734.33	
能源林	25.97	25.97	
经济林	1985.46	1985.46	
（2）疏林地	113.77	113.77	
（3）灌木林地	414.09	414.09	
（4）竹林地	240.96	240.96	
3. 未成林造林地	710.75	606.85	103.90
4. 苗圃地	50.64	50.64	
5. 迹地	1024.75	1024.75	
6. 宜林地	3957.61		3957.61
7. 林业辅助生产用地	194.03		194.03
合计	31046.18	9143.48	21902.70

专栏 4-1　第八次全国森林资源清查各林地类型面积构成

根据第八次全国森林资源清查结果核算，林地总面积 31046.18 万公顷。本研究中林地类型包括乔木林地、疏林地、灌木林地、竹林地、未成林造林地、苗圃地、迹地、宜林地以及林业辅助生产用地等。按照林地类型进行分类统计，乔木林地面积为 18516.87 万公顷，占林地总面积的 59.64%；其次为灌木林地，面积为 5590.22 万公顷，占林地总面积的 18.01%；宜林地面积为 3957.61 万公顷，占林地总面积的 12.75%；苗圃地面积为 50.64 万公顷，所占比重最小，为林地总面积的 0.16%（图 4-1）。

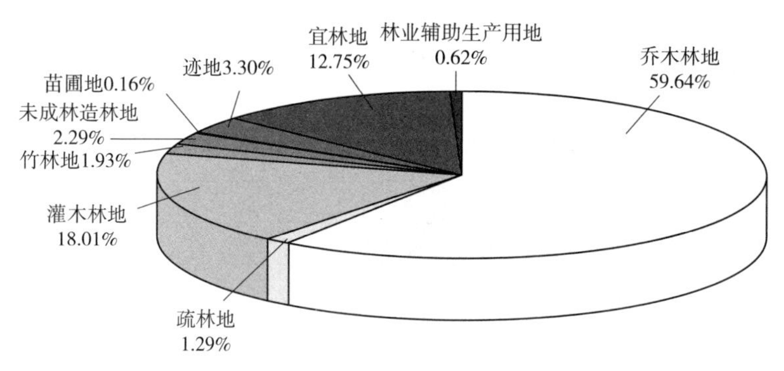

图 4-1　第八次全国森林资源清查各林地类型面积构成

ii. 第九次清查。根据第九次全国森林资源清查结果核算，林地存量为 32368.55 万公顷（专栏 4-2）。其中，以人工林为主的培育资产面积为 9152.01 万公顷，以天然林为主的非培育资产面积为 23216.54 万公顷，分别占林地存量总面积的 28.27% 和 71.73%（表 4-3）。

表 4-3　第九次全国森林资源清查林地存量核算　　单位：万公顷

项目	合计	培育资产	非培育资产
1. 天然林	18218.75		18218.75
（1）乔木林地	12276.18		12276.18
防护林	6918.62		6918.62
特用林	1503.65		1503.65
用材林	3719.33		3719.33
能源林	105.07		105.07
经济林	29.51		29.51
（2）疏林地	241.28		241.28
（3）灌木林地	5310.91		5310.91
（4）竹林地	390.38		390.38
2. 人工林	8138.40	8138.40	
（1）乔木林地	5712.67	5712.67	
防护林	1961.81	1961.81	
特用林	188.15	188.15	
用材林	3084.03	3084.03	
能源林	18.07	18.07	

（续）

项目	合计	培育资产	非培育资产
经济林	460.61	460.61	
（2）疏林地	100.90	100.90	
（3）灌木林地	2074.05	2074.05	
（4）竹林地	250.78	250.78	
3. 未成林造林地	699.14	699.14	
4. 苗圃地	71.98	71.98	
5. 迹地	242.49	242.49	
6. 宜林地	4997.79		4997.79
合计	32368.55	9152.01	23216.54

专栏 4-2 第九次全国森林资源清查各林地类型面积构成

根据第九次全国森林资源清查结果核算，林地总面积为 32368.55 万公顷。本研究中林地类型包括乔木林地、疏林地、灌木林地、竹林地、未成林造林地、苗圃地、迹地、宜林地等。其中，乔木林地面积为 17988.85 万公顷，占林地总面积的 55.58%，所占比重最大；其次为灌木林地，面积为 7384.96 万公顷，占林地总面积的 22.82%；宜林地面积为 4997.79 万公顷，占林地总面积的 15.44%；苗圃地面积为 71.98 万公顷，所占比重最小，为 0.22%（图 4-2）。

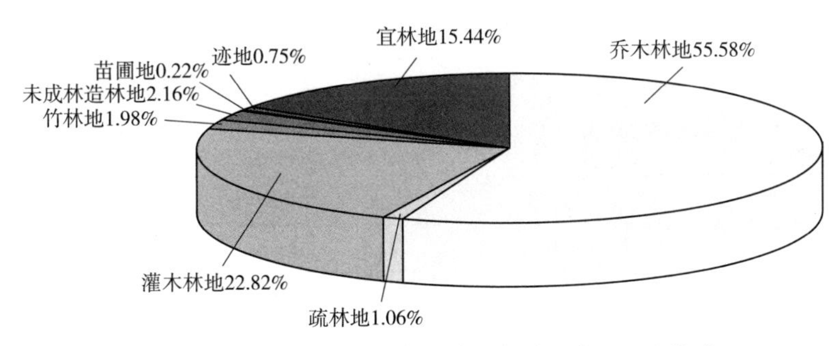

图 4-2 第九次全国森林资源清查各林地类型面积构成

②分经济区森林资源清查林地存量核算

i. 东北地区。根据第九次全国森林资源清查结果核算，东北地区林地存量为4094.48万公顷，其中，以人工林为主的培育资产面积为813.66万公顷，以天然林为主的非培育资产面积为3280.82万公顷，分别占该地区林地存量总面积的19.87%和80.13%。东北地区林地存量以非培育资产为主，是培育资产的4.03倍（表4–4）。

表4–4　第九次东北地区森林资源清查林地存量核算　　单位：万公顷

项目	合计	培育资产	非培育资产
1. 天然林	2679.36		2679.36
（1）乔木林地	2567.01		2567.01
防护林	1436.98		1436.98
特用林	295.67		295.67
用材林	819.58		819.58
能源林	14.78		14.78
经济林	0		0
（2）疏林地	8.31		8.31
（3）灌木林地	104.04		104.04
（4）竹林地	0		0
2. 人工林	744.63	744.63	
（1）乔木林地	617.59	617.59	
防护林	358.56	358.56	
特用林	21.54	21.54	
用材林	226.43	226.43	
能源林	7.56	7.56	
经济林	3.50	3.50	
（2）疏林地	5.25	5.25	
（3）灌木林地	121.79	121.79	
（4）竹林地	0	0	
3. 未成林造林地	44.80	44.80	
4. 苗圃地	4.34	4.34	
5. 迹地	19.89	19.89	
6. 宜林地	601.46		601.46
合计	4094.48	813.66	3280.82

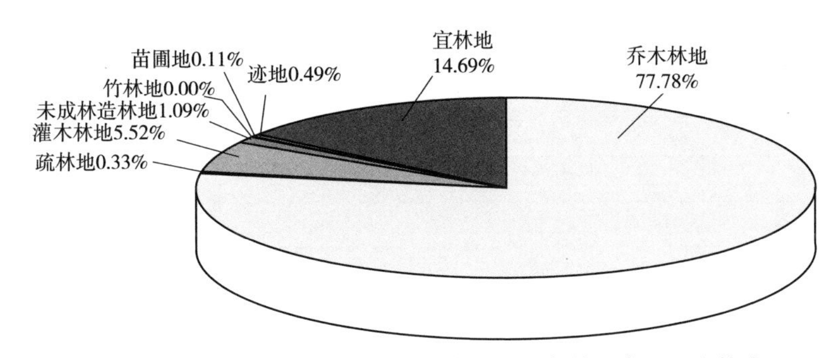

图 4–3 第九次全国森林资源清查东北地区各林地类型面积构成

从林地类型看，东北地区乔木林地面积为 3184.60 万公顷，占林地总面积的 77.78%，所占比重最大；其次为宜林地，面积为 601.46 万公顷，占林地总面积的 14.69%；灌木林地面积为 225.83 万公顷，占林地总面积的 5.52%（图 4–3）。

ii. 东部地区。根据第九次全国森林资源清查结果核算，东部地区林地存量为 4319.60 万公顷，其中，以人工林为主的培育资产面积为 2371.33 万公顷，以天然林为主的非培育资产面积为 1948.27 万公顷，分别占该地区林地存量总面积的 54.90% 和 45.10%。东部地区培育资产面积略多于非培育资产，多了 423.06 万公顷（表 4–5）。

表 4–5 第九次东部地区森林资源清查林地存量核算 单位：万公顷

项目	合计	培育资产	非培育资产
1. 天然林	1676.12		1676.12
（1）乔木林地	1213.43		1213.43
防护林	650.85		650.85
特用林	108.11		108.11
用材林	426.89		426.89
能源林	6.17		6.17
经济林	21.41		21.41
（2）疏林地	15.28		15.28
（3）灌木林地	286.89		286.89
（4）竹林地	160.52		160.52
2. 人工林	2155.72	2155.72	
（1）乔木林地	1513.64	1513.64	

（续）

项目	合计	培育资产	非培育资产
防护林	404.32	404.32	
特用林	67.23	67.23	
用材林	901.21	901.21	
能源林	5.64	5.64	
经济林	135.24	135.24	
（2）疏林地	24.93	24.93	
（3）灌木林地	523.91	523.91	
（4）竹林地	93.24	93.24	
3. 未成林造林地	116.79	116.79	
4. 苗圃地	39.02	39.02	
5. 迹地	59.8	59.8	
6. 宜林地	272.15		272.15
合计	4319.60	2371.33	1948.27

从林地类型看，东部地区乔木林地面积为 2727.07 万公顷，占林地总面积的 63.13%，所占比重最大；其次为灌木林地，面积为 810.80 万公顷，占林地总面积的 18.77%；宜林地面积为 272.15 万公顷，占林地总面积的 6.30%；苗圃地面积为 39.02 万公顷，所占比重最小，为 0.90%（图 4–4）。

iii. 西部地区。根据第九次全国森林资源清查结果核算，西部地区林地存量为 18983.57 万公顷，其中，以人工林为主的培育资产面积为 3997.32 万公顷，以天然林为主的非培育资产面积为 14986.25 万公顷，分别占该地区林地存量总面

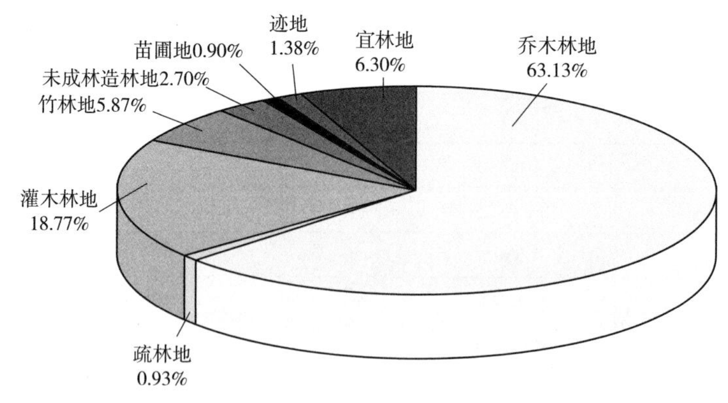

图 4–4　第九次全国森林资源清查东部地区各林地类型面积构成

积的 21.06% 和 78.94%（表 4–6）。

表 4–6　第九次西部地区森林资源清查林地存量核算　　单位：万公顷

项目	合计	培育资产	非培育资产
1. 天然林	11324.32		11324.32
（1）乔木林地	6616.79		6616.79
防护林	3872.82		3872.82
特用林	969.09		969.09
用材林	1689.13		1689.13
能源林	77.65		77.65
经济林	8.10		8.10
（2）疏林地	200.13		200.13
（3）灌木林地	4469.31		4469.31
（4）竹林地	38.09		38.09
2. 人工林	3492.66	3492.66	
（1）乔木林地	2345.01	2345.01	
防护林	769.66	769.66	
特用林	61.66	61.66	
用材林	1222.88	1222.88	
能源林	2.73	2.73	
经济林	288.08	288.08	
（2）疏林地	52.76	52.76	
（3）灌木林地	992.52	992.52	
（4）竹林地	102.37	102.37	
3. 未成林造林地	405.64	405.64	
4. 苗圃地	9.77	9.77	
5. 迹地	89.25	89.25	
6. 宜林地	3661.93		3661.93
合计	18983.57	3997.32	14986.25

从林地类型看，西部地区乔木林地面积为 8961.80 万公顷，占林地总面积的 47.21%，所占比重最大；其次为灌木林地，面积为 5461.83 万公顷，占林地总面积的 28.77%；宜林地面积为 3661.93 万公顷，占林地总面积的 19.29%；苗圃地面积为 9.77 万公顷，所占比重最小，为 0.05%（图 4–5）。

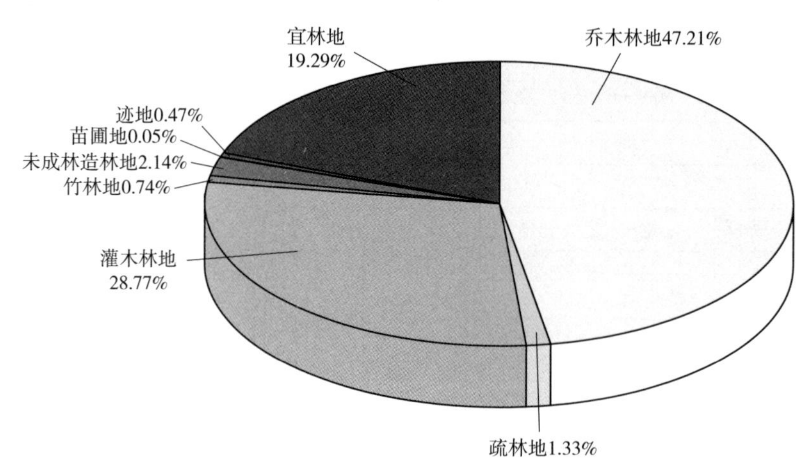

图 4-5　第九次全国森林资源清查西部地区各林地类型面积构成

iv. 中部地区。根据第九次全国森林资源清查结果核算，中部地区林地存量为 4970.90 万公顷，其中，以人工林为主的培育资产面积为 1969.70 万公顷，以天然林为主的非培育资产面积为 3001.20 万公顷，分别占该地区林地存量总面积的 39.62% 和 60.38%（表 4-7）。

表 4-7　第九次中部地区森林资源清查林地存量核算　　单位：万公顷

项目	合计	培育资产	非培育资产
1. 天然林	2538.95		2538.95
（1）乔木林地	1878.95		1878.95
防护林	957.97		957.97
特用林	130.78		130.78
用材林	783.73		783.73
能源林	6.47		6.47
经济林	0		0
（2）疏林地	17.56		17.56
（3）灌木林地	450.67		450.67
（4）竹林地	191.77		191.77
2. 人工林	1745.39	1745.39	
（1）乔木林地	1236.43	1236.43	

（续）

项目	合计	培育资产	非培育资产
防护林	429.27	429.27	
特用林	37.72	37.72	
用材林	733.51	733.51	
能源林	2.14	2.14	
经济林	33.79	33.79	
（2）疏林地	17.96	17.96	
（3）灌木林地	435.83	435.83	
（4）竹林地	55.17	55.17	
3. 未成林造林地	131.91	131.91	
4. 苗圃地	18.85	18.85	
5. 迹地	73.55	73.55	
6. 宜林地	462.25		462.25
合计	4970.90	1969.70	3001.20

从林地类型看，中部地区乔木林地面积为 3115.38 万公顷，占林地总面积的 62.67%，所占比重最大；其次为灌木林地，面积为 886.5 万公顷，占林地总面积的 17.83%；宜林地面积为 462.25 万公顷，占林地总面积的 9.30%；苗圃地面积为 18.85 万公顷，所占比重最小，为 0.38%（图 4–6）。

v. 按经济分区统计。第八次、第九次全国森林资源清查林地存量核算结果

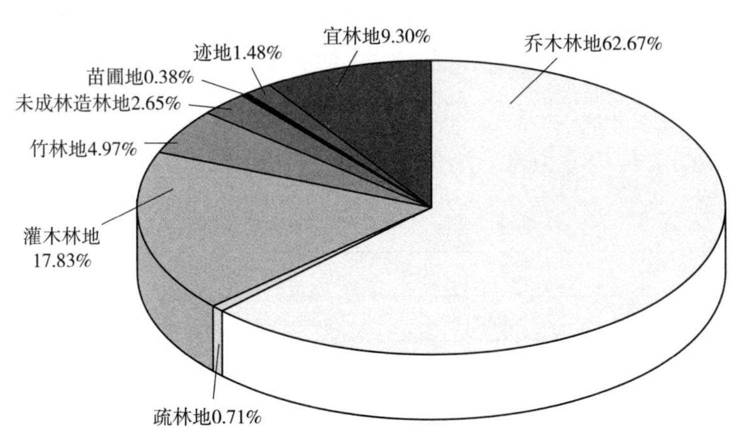

图 4–6　第九次全国森林资源清查中部地区各林地类型面积构成

见表 4-8。第九次清查核算结果显示，西部地区林地面积占全国林地总面积的 58.65%，东北地区、东部地区、中部地区林地面积占全国林地总面积的比例相近，均在 10% 以上。从不同地区占全国林地总面积的比例来看，两次核算结果相差不大，西部地区林地面积占全国林地面积的比例均在 58% 以上，是我国林地面积最大的经济区。东北地区、东部地区、中部地区林地面积占林地总面积的比例变化较小。从林地培育资产与非培育资产的分布情况看，东北地区、西部地区以及中部地区的林地存量均以非培育资产为主，第九次清查核算结果显示，东部地区林地存量培育资产略多，较非培育资产多 423.06 万公顷。

表 4-8　第八次、第九次全国森林资源清查林地实物量分经济区统计

单位：万公顷、%

地区	第八次清查				第九次清查			
	培育资产面积	非培育资产面积	林地总面积	占全国比例	培育资产面积	非培育资产面积	林地总面积	占全国比例
东北地区	858.77	2904.71	3763.48	12.12	813.66	3280.82	4094.48	12.65
东部地区	2336.31	1894.92	4231.23	13.63	2371.33	1948.27	4319.60	13.35
西部地区	4087.35	14078.12	18165.47	58.51	3997.32	14986.25	18983.57	58.65
中部地区	1861.05	3024.95	4886.00	15.74	1969.70	3001.20	4970.90	15.36
合计	9143.48	21902.70	31046.18	100.00	9152.01	23216.54	32368.55	100.00

（2）林木

①全国森林资源清查林木存量核算

根据第九次全国森林资源清查数据核算，林木资源总蓄积量为 1850509.80 万立方米，5 年间，林木资源总蓄积量增加了 243103.54 万立方米，增长了 15.12%。培育资产蓄积量增加 97321.80 万立方米，增长 33.56%；非培育资产蓄积量增加 145781.74 万立方米，增长了 11.07%（表 4-9）。

表 4-9　全国林木实物量存量核算结果　　单位：万立方米

项目	合计	培育资产	非培育资产
第九次清查	1850509.80	387334.05	1463175.75
第八次清查	1607406.26	290012.25	1317394.01
变化（%）	15.12	33.56	11.07

i. 第八次清查。根据第八次全国森林资源清查结果核算，林木总蓄积量为

1607406.26万立方米（专栏4–3）。其中，以人工林为主的培育资产蓄积量为290012.25万立方米，以天然林为主的非培育资产蓄积量为1317394.01万立方米，分别占林木资产总蓄积量的18.04%和81.96%，非培育资产蓄积量是培育资产的4.54倍（表4–10）。

表4–10 第八次全国森林资源清查林木存量核算 单位：万立方米

项目	合计	培育资产	非培育资产
1. 天然林	1238534.94		1238534.94
（1）乔木林	1229583.97		1229583.97
防护林	710778.49		710778.49
特用林	208259.07		208259.07
用材林	305001.50		305001.50
能源林	5544.91		5544.91
（2）疏林	8950.97		8950.97
2. 人工林	249943.91	249943.91	
（1）乔木林	248324.85	248324.85	
防护林	84037.53	84037.53	
特用林	8728.82	8728.82	
用材林	155193.83	155193.83	
能源林	364.67	364.67	
（2）疏林	1619.06	1619.06	
3. 其他林木	118927.37	40068.34	78859.03
（1）散生木	78859.03		78859.03
（2）四旁树	40068.34	40068.34	
合计	1607406.26	290012.25	1317394.01

专栏4–3 第八次全国森林资源清查各类林木蓄积量构成

根据第八次全国森林资源清查结果核算，林木总蓄积量为1607406.26万立方米，其中，天然林蓄积量为1238534.94万立方米，占林木总价值的77.05%；人工林蓄积量为249943.91万立方米，占林木总价值的15.55%；其他林木价值为118927.37万立方米，占林木总价值的7.40%。

ii. 第九次清查。根据第九次全国森林资源清查结果核算，林木总蓄积量为1850509.80 万立方米（专栏 4–4），其中，以人工林为主的培育资产蓄积量为387334.05 万立方米，以天然林为主的非培育资产蓄积量为 1463175.75 万立方米，分别占林木资产总蓄积量的 20.93% 和 79.07%，非培育资产蓄积量是培育资产的 3.78 倍（表 4–11）。

表 4–11　第九次全国森林资源清查林木存量核算　单位：万立方米

项目	合计	培育资产	非培育资产
1. 天然林	1375372.34		1375372.34
（1）乔木林	1367059.63		1367059.63
防护林	765487.64		765487.64
特用林	248493.87		248493.87
用材林	347456.59		347456.59
能源林	5304.49		5304.49
经济林	317.04		317.04
（2）疏林	8312.71		8312.71
2. 人工林	340474.25	340474.25	
（1）乔木林	338759.96	338759.96	
防护林	116319.26	116319.26	
特用林	13349.18	13349.18	
用材林	194075.95	194075.95	
能源林	361.19	361.19	
经济林	14654.38	14654.38	
（2）疏林	1714.29	1714.29	
3. 其他林木	134663.21	46859.80	87803.41
（1）散生木	87803.41		87803.41
（2）四旁树	46859.80	46859.80	
合计	1850509.80	387334.05	1463175.75

专栏 4–4　第九次全国森林资源清查各类林木蓄积量构成

根据第九次全国森林资源清查结果核算，林木总蓄积量为 1850509.80 万立方米，其中，人工林蓄积量为 340474.25 万立方米，占林木总价值的 18.40%；天然林蓄积量为 1375372.34 万立方米，占林木总价值的 74.32%；其他林木价值为 134663.21 万立方米，占林木总价值的 7.28%。

②分经济区森林资源清查林木存量核算

i. 东北地区。根据第九次全国森林资源清查结果核算，东北地区林木总蓄积量为336256.39万立方米，其中，以人工林为主的培育资产蓄积量为45446.58万立方米，以天然林为主的非培育资产蓄积量为290809.81万立方米，分别占该地区林木总蓄积量的13.52%和86.48%，非培育资产的蓄积量是培育资产的6.40倍；人工林蓄积量为43646.50万立方米，天然林蓄积量为272487.94万立方米，其他林木蓄积量为20121.95万立方米，分别占林木总蓄积量的12.98%、81.04%和5.98%（表4–12）。

表4–12 第九次东北地区森林资源清查林木存量核算

单位：万立方米

项目	合计	培育资产	非培育资产
1. 天然林	272487.94		272487.94
（1）乔木林	272175.05		272175.05
防护林	150374.71		150374.71
特用林	33558.06		33558.06
用材林	87767.95		87767.95
能源林	474.33		474.33
经济林	0		0
（2）疏林	312.89		312.89
2. 人工林	43646.50	43646.50	
（1）乔木林	43573.99	43573.99	
防护林	25096.46	25096.46	
特用林	1719.51	1719.51	
用材林	16614.78	16614.78	
能源林	136.03	136.03	
经济林	7.21	7.21	
（2）疏林	72.51	72.51	
3. 其他林木	20121.95	1800.08	18321.87
（1）散生木	18321.87		18321.87
（2）四旁树	1800.08	1800.08	
合计	336256.39	45446.58	290809.81

ii. 东部地区。根据第九次全国森林资源清查结果核算，东部地区林木总蓄积量为 220362.92 万立方米，其中，以人工林为主的培育资产蓄积量为 103702.31 万立方米，以天然林为主的非培育资产蓄积量为 116660.61 万立方米，分别占该地区林木总蓄积量的 47.06% 和 52.94%；人工林蓄积量为 93259.43 万立方米，天然林资源蓄积量为 103991.07 万立方米，其他林木蓄积量为 23112.42 万立方米，分别占林木总蓄积量的 42.32%、47.19% 和 10.49%（表 4–13）。

表 4–13　第九次东部地区森林资源清查林木存量核算

单位：万立方米

项目	合计	培育资产	非培育资产
1. 天然林	103991.07		103991.07
（1）乔木林	103715.94		103715.94
防护林	50415.98		50415.98
特用林	14898.79		14898.79
用材林	38022.31		38022.31
能源林	269.20		269.20
经济林	109.66		109.66
（2）疏林	275.13		275.13
2. 人工林	93259.43	93259.43	
（1）乔木林	92722.77	92722.77	
防护林	25731.47	25731.47	
特用林	4488.69	4488.69	
用材林	57185.07	57185.07	
能源林	112.73	112.73	
经济林	5204.81	5204.81	
（2）疏林	536.66	536.66	
3. 其他林木	23112.42	10442.88	12669.54
（1）散生木	12669.54		12669.54
（2）四旁树	10442.88	10442.88	
合计	220362.92	103702.31	116660.61

iii. 西部地区。根据第九次全国森林资源清查结果核算，西部地区林木总蓄积量为 1083117.12 万立方米，其中，以人工林为主的培育资产蓄积量为

157693.62 万立方米，以天然林为主的非培育资产蓄积量为 925423.55 万立方米，分别占林地存量总面积的 14.56% 和 85.44%；人工林蓄积量为 136399.65 万立方米，天然林资源蓄积量为 881894.88 万立方米，其他林木蓄积量为 64822.59 万立方米，分别占林木总蓄积量的 12.59%、81.42% 和 5.98%（表 4-14）。

表 4-14　第九次西部地区森林资源清查林木存量核算

单位：万立方米

项目	合计	培育资产	非培育资产
1. 天然林	881894.88		881894.88
（1）乔木林	874399.71		874399.71
防护林	506020.02		506020.02
特用林	188324.91		188324.91
用材林	175531.56		175531.56
能源林	4315.84		4315.84
经济林	207.38		207.38
（2）疏林	7495.17		7495.17
2. 人工林	136399.65	136399.7	
（1）乔木林	135513.62	135513.6	
防护林	43415.63	43415.63	
特用林	4414.6	4414.6	
用材林	78862.75	78862.75	
能源林	67.16	67.16	
经济林	8753.48	8753.48	
（2）疏林	886.03	886.03	
3. 其他林木	64822.59	21293.92	43528.67
（1）散生木	43528.67		43528.67
（2）四旁树	21293.92	21293.92	
合计	1083117.12	157693.62	925423.55

iv. 中部地区。根据第九次全国森林资源清查结果核算，中部地区林木总蓄积量为 210773.37 万立方米，其中，以人工林为主的培育资产蓄积量为 80491.59 万立方米，以天然林为主的非培育资产蓄积量为 130281.78 万立方米，分别占该地区林木总蓄积量的 38.19% 和 61.81%；人工林蓄积量为 67168.67 万立方米，

天然林资源蓄积量为116998.45万立方米，其他林木蓄积量为26606.25万立方米，分别占林木总蓄积量的31.87%、55.51%和12.62%（表4–15）。

表4–15　第九次中部地区森林资源清查林木存量核算

单位：万立方米

项目	合计	培育资产	非培育资产
1. 天然林	116998.45		116998.45
（1）乔木林	116768.93		116768.93
防护林	58676.93		58676.93
特用林	11712.11		11712.11
用材林	46134.77		46134.77
能源林	245.12		245.12
经济林	0		0
（2）疏林	229.52		229.52
2. 人工林	67168.67	67168.67	
（1）乔木林	66949.58	66949.58	
防护林	22075.70	22075.70	
特用林	2726.38	2726.38	
用材林	41413.35	41413.35	
能源林	45.27	45.27	
经济林	688.88	688.88	
（2）疏林	219.09	219.09	
3. 其他林木	26606.25	13322.92	13283.33
（1）散生木	13283.33		13283.33
（2）四旁树	13322.92	13322.92	
合计	210773.37	80491.59	130281.78

v. 按经济分区统计。第八次、第九次全国森林资源清查林木存量核算结果见表4–16。第九次清查核算结果显示，西部地区是我国林木蓄积量最大的经济区，林木总蓄积量为1083117.12万立方米，与第八次清查结果相比增加了122252.93万立方米，增加了12.72%，该地区林木总蓄积量占全国林木总蓄积量的58.53%，与第八次清查结果相比，减少了1.25个百分点。东北地区林木总蓄

积量为 336256.39 万立方米，与第八次清查结果相比增加了 36028.41 万立方米，增加了 12.00%。该地区林木蓄积量占全国林木总蓄积量的 18.17%，排名第二，占全国的比例与上期核算结果相比略有减少，减少了 0.51 个百分点。东部地区和中部地区林木总蓄积量及占全国的比例较第八次均有所上升。从林木培育资产与非培育资产的分布情况看，东北地区、东部地区、西部地区以及中部地区的林木实物量均以非培育资产为主。

表 4–16 第八次、第九次全国森林资源清查林木实物量分经济区统计

单位：万立方米、%

地区	第八次清查				第九次清查			
	培育资产	非培育资产	林木总蓄积量	占全国比例	培育资产	非培育资产	林木总蓄积量	占全国比例
东北地区	38049.00	262178.98	300227.98	18.68	45446.58	290809.81	336256.39	18.17
东部地区	80704.94	94310.36	175015.30	10.89	103702.31	116660.61	220362.92	11.91
西部地区	104695.98	856168.22	960864.20	59.78	157693.62	925423.50	1083117.12	58.53
中部地区	66562.33	104736.45	171298.78	10.66	80491.59	130281.78	210773.37	11.39
合计	290012.25	1317394.01	1607406.26	100.00	387334.1	1463175.7	1850509.80	100.00

2. 实物量存量变动分析

（1）林地存量变动

总体上看，第九次全国森林资源清查期间，林地存量呈增长态势，5 年间增长了 4.26%。与期初相比，天然林地面积净减少 1730.24 万公顷，人工林面积净增加 673.12 万公顷，其他林地面积净增加 2379.49 万公顷。天然林面积净减少的主要原因是核算期间国家规定的特殊灌木林面积减少 2212.68 万公顷，占期初面积的 14.19%。天然林面积增长结构分析表明，42.72% 的增长是由于经济因素带来的结果，包括造林更新、种植结构调整、规划调整等；57.28% 的增长是由于自然因素带来的结果。人工林面积增长结构表明，74.65% 的增长是由于经济因素带来的结果，包括造林更新、种植结构调整、规划调整及其他人为原因；25.35% 增长是由于自然因素带来的结果。天然林和人工林面积减少主要也由经济因素造成，分别占 77.32%、85.50 %，包括采伐、造林更新、种植结构调整、规划调整、征占用林地、毁林开荒等人为原因（表 4–17）。

表 4-17　第九次全国森林资源清查期间林地存量变动　　单位：万公顷

项目	天然林	人工林	其他林地	合计
期初存量（2014）	15598.01	7281.16	8167.01	31046.18
本期增加	1660.01	1658.89		3318.90
经济因素	709.21	1238.32		1947.53
自然因素	950.80	420.57		1371.37
本期减少	1066.59	986.86		2053.45
经济因素	824.71	843.74		1668.45
自然因素	241.88	143.12		385.00
其他因素	−2323.66	1.09	2379.49	56.92
本期净增加	−1730.24	673.12	2379.49	1322.37
期末存量（2018）	13867.77	7954.28	10546.50	32368.55

注：表中天然林、人工林分别指天然和人工起源的乔木林、竹林和国家规定的特殊灌木林的林地面积。其他因素是指由于调查因素引起的林地资源的增减。

（2）林木存量变动

总体上看，第九次全国森林资源清查期间，林木资产实现了净增长，5 年间林木蓄积量增长了 15.12%。其中，天然林蓄积量增长主要是由于自然因素，占 57.27%，包括天然更新、自然变化等。人工林蓄积量增长主要由于经济因素，占 74.65%，包括造林更新、种植结构调整、规划调整及其他人为原因。天然林蓄积量和人工林蓄积量减少主要由经济因素造成，包括采伐、造林更新、种植结构调整、规划调整、征占用林地、毁林开荒等人为原因（表 4-18）。

表 4-18　第九次全国森林资源清查期间林木存量变动

单位：万立方米

项目	天然林	人工林	其他林木	合计
期初存量（2014）	1229583.97	248324.85	129497.40	1607406.22
本期增加	265999.96	191232.31		457232.27
经济因素	113643.79	142750.15		256393.94
自然因素	152356.17	48424.52		200780.69
本期减少	128524.30	100797.20		229321.50

（续）

项目	天然林	人工林	其他林木	合计
经济因素	99377.71	86179.02		185556.73
自然因素	29146.59	14618.18		43764.77
本期净增加	137475.66	90435.11	15192.81	243103.58
期末存量（2018）	1367059.63	338759.96	144690.21	1850509.8

注：疏林蓄积量划转到其他林木。

三、林地林木资源价值量核算结果分析

（一）价值量核算账户

1. 林地价值量核算账户

林地价值量核算是对林地资源价值存量及其变动进行核算。林地价值量存量核算所需要的指标包括不同林地类型的林地价值量。林地价值量核算账户指标是林地实物量核算账户匹配单位面积林地价值，得到的价值量核算结果。林地价值量变动核算，同样是根据林地实物存量变动表匹配林地单位面积价值，求算统计得出。

2. 林木价值量核算账户

林木价值量核算是对林木资源价值存量及其变动进行核算。林木价值量存量核算所需要的指标包括乔木林、疏林、其他林木、经济林、竹林的林木价值量。林木价值量核算账户指标是林木实物量核算账户匹配单位林木价值，得到价值量核算结果。林木价值量变动核算，同样是根据林木实物存量变动表匹配林木单位价值，求算统计得出。

（二）数据来源

价值量核算所需要的有关成本价格参数由各省（自治区、直辖市）林草主管部门、森工（林业）集团和新疆生产建设兵团根据统一下发的调查统计表进行调查填报。调查内容包括本地区用材林、经济林和竹林的经营成本与收益、林地交易、林地租金、活立木交易等成本价格数据和林木采伐相关的技术参数（具体内容见附件2）。第九次全国森林资源清查的林地林木价值核算采用的成本和价格数据为2017年价格水平。

（三）林地林木资源价值量存量及变动分析

1. 价值量核算

（1）林地

①全国森林资源清查林地价值量核算

在全国林地资源实物量核算的基础上，选取适当的估价方法开展价值量核算。根据第九次全国森林资源清查数据，全国林地资产总价值为 95359.08 亿元。与第八次全国森林资源清查期末相比，5 年期间，林地价值增加 18924.78 亿元，增长了 24.76%，其中，由林地面积增长引起的价值增长占 4.26 个百分点，由供求关系、物价因素等导致的价格变化引起的价值增长占 20.50 个百分点。以人工林林地为主的培育资产总价值为 43541.01 亿元，增加 14404.34 亿元，增长了 49.44%，以天然林林地为主的非培育资产总价值 51818.07 亿元，增加 4520.44 亿元，增长了 9.56%，培育资产价值增速明显高于非培育资产（表 4–19）。

表 4–19　全国林地价值量核算结果　　单位：亿元

项目	合计	培育资产	非培育资产
第八次清查	76434.30	29136.67	47297.63
第九次清查	95359.08	43541.01	51818.07
增幅（%）	24.76	49.44	9.56

i. 第八次清查。根据第八次全国森林资源清查结果核算，林地资产价值为 76434.30 亿元（专栏 4–5）。其中，以人工林地为主的培育资产和天然林地为主的非培育资产分别为 29136.67 亿元和 47297.63 亿元，分别占林地资产的 38.12% 和 61.88%（表 4–20）。

表 4–20　第八次全国森林资源清查林地价值量核算　　单位：亿元

项目	合计	培育资产	非培育资产
1. 天然林	40376.31		40376.31
（1）乔木林地	33170.48		33170.48
防护林	18403.58		18403.58
特用林	3539.93		3539.93
用材林	10641.24		10641.24
能源林	265.67		265.67

（续）

项目	合计	培育资产	非培育资产
经济林	320.06		320.06
（2）疏林地	434.74		434.74
（3）灌木林地	5222.29		5222.29
（4）竹林地	1548.80		1548.80
2. 人工林	25701.47	25701.47	
（1）乔木林地	23965.28	23965.28	
防护林	4768.33	4768.33	
特用林	417.45	417.45	
用材林	8856.20	8856.20	
能源林	54.93	54.93	
经济林	9868.37	9868.37	
（2）疏林地	186.69	186.69	
（3）灌木林地	500.03	500.03	
（4）竹林地	1049.47	1049.47	
3. 未成林造林地	1200.98	1006.88	194.09
4. 苗圃地	857.61	857.61	
5. 迹地	1570.71	1570.71	
6. 宜林地	6727.23		6727.23
合计	76434.30	29136.67	47297.63

专栏 4–5 第八次全国森林资源清查各林地类型价值构成

根据第八次全国森林资源清查结果核算，林地总价值 76434.30 亿元。本研究中林地类型包括乔木林地、疏林地、灌木林地、竹林地、未成林造林地、苗圃地、迹地以及宜林地等。按照林地类型进行分类统计，乔木林地价值 57135.76 亿元，占林地总价值的 74.75%；其次为宜林地，价值 6727.23 亿元，占林地总价值的 8.80%；灌木林地价值 5722.30 亿元，占林地总价值的 7.49%；疏林地价值 621.43 亿元，所占比重最小，为林地总价值的 0.81%（图 4–7）。

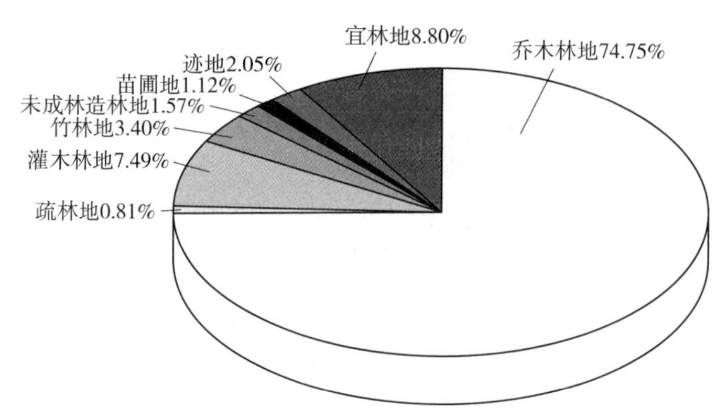

图 4–7　第八次全国森林资源清查各林地类型价值构成

ii. 第九次清查。根据第九次全国森林资源清查结果核算，林地资产价值为95359.08 亿元（专栏 4–6），其中，以人工林为主的培育资产和以天然林为主的非培育资产分别为 43541.01 亿元和 51818.07 亿元，分别占林地资产的 45.66% 和 54.34%，非培育资产较培育资产多 8277.06 亿元（表 4–21）。

表 4–21　第九次全国森林资源清查林地价值量核算　　单位：亿元

项目	合计	培育资产	非培育资产
1. 天然林	44540.88		44540.88
（1）乔木林地	31400.01		31400.01
防护林	15957.27		15957.27
特用林	4517.55		4517.55
用材林	10443.52		10443.52
能源林	481.67		481.67
（2）疏林地	525.55		525.55
（3）灌木林地	10222.68		10222.68
（4）经济林（包括乔木林、灌木林类型）	327.49		327.49
（5）竹林地	2065.14		2065.14
2. 人工林	40085.98	40085.98	
（1）乔木林地	18131.57	18131.57	
防护林	5936.34	5936.34	
特用林	1226.50	1226.50	
用材林	10931.00	10931.00	
能源林	37.75	37.74	
（2）疏林地	177.35	177.35	

（续）

项目	合计	培育资产	非培育资产
（3）灌木林地	603.28	603.28	
（4）经济林（包括乔木林、灌木林类型）	17882.93	17882.93	
（5）竹林地	3290.83	3290.83	
3. 未成林造林地	1659.57	1659.57	
4. 苗圃地	1039.63	1039.63	
5. 迹地	755.84	755.84	
6. 宜林地	7277.20		7277.20
合计	95359.08	43541.01	51818.07

专栏 4-6 第九次全国森林资源清查各林地类型价值构成

根据第九次全国森林资源清查结果核算，林地总价值为 95359.08 亿元。本研究中林地类型包括乔木林地、疏林地、灌木林地、经济林地（包括乔木林、灌木林类型）、竹林地、未成林造林地、苗圃地、迹地、宜林地等。其中，乔木林地价值 49531.58 亿元，占林地总价值的 51.94%，所占比重最大；其次为经济林地（包括乔木林、灌木林类型），价值 18210.42 亿元，占林地总价值的 19.10%；灌木林地价值 10825.96 亿元，占林地总价值的 11.35%；疏林地价值 702.90 亿元，所占比重最小，为 0.74%（图 4-8）。

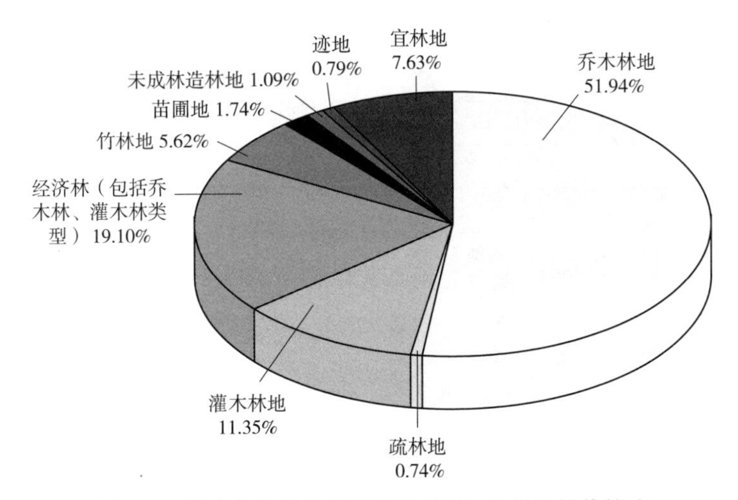

图 4-8 第九次全国森林资源清查各林地类型价值构成

②分经济区森林资源清查林地价值量核算

i. 东北地区。根据第九次全国森林资源清查结果核算，东北地区林地资产价值为 8449.54 亿元，其中，以人工林为主的培育资产价值为 2012.56 亿元，以天然林为主的非培育资产价值为 6436.98 亿元，分别占该地区林地资产的 23.82% 和 76.18%，非培育资产价值是培育资产价值的 3.20 倍（表 4–22）。

表 4–22　第九次东北地区森林资源清查林地价值量核算　　单位：亿元

项目	合计	培育资产	非培育资产
1. 天然林	5125.03		5125.03
（1）乔木林地	4944.12		4944.12
防护林	2268.58		2268.58
特用林	424.98		424.98
用材林	2222.47		2222.47
能源林	28.10		28.10
（2）疏林地	29.58		29.58
（3）灌木林地	101.85		101.85
（4）经济林（包括乔木林、灌木林类型）	49.47		49.47
（5）竹林地	0.00		0.00
2. 人工林	1856.80	1856.80	
（1）乔木林地	1206.32	1206.32	
防护林	591.92	591.92	
特用林	36.45	36.45	
用材林	564.30	564.30	
能源林	13.64	13.64	
（2）疏林地	11.86	11.86	
（3）灌木林地	12.79	12.79	
（4）经济林（包括乔木林、灌木林类型）	625.83	625.83	
（5）竹林地	0.00	0.00	
3. 未成林造林地	62.04	62.04	
4. 苗圃地	53.47	53.47	
5. 迹地	40.25	40.25	
6. 宜林地	1311.95		1311.95
合计	8449.54	2012.56	6436.98

东北地区乔木林地价值6150.44亿元，占林地总价值的72.79%，所占比重最大；其次为宜林地，价值1311.95亿元，占林地总价值的15.53%；经济林地（包括乔木林、灌木林类型）价值675.3亿元，占林地总价值的7.99%（图4-9）。

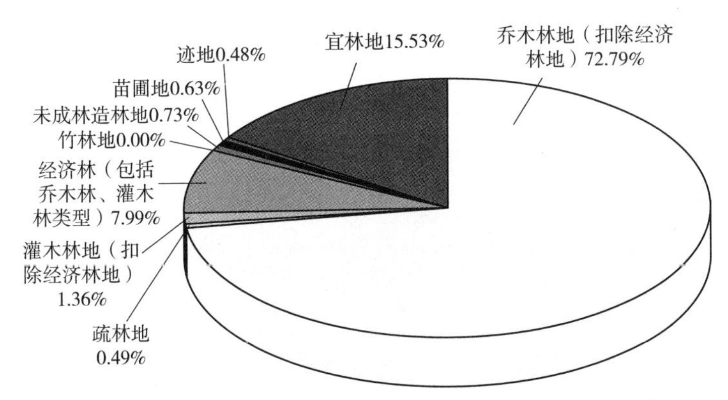

图4-9 第九次全国森林资源清查东北地区各林地类型价值构成

ii. 东部地区。根据第九次全国森林资源清查结果核算，东部地区林地资产价值为22163.29亿元，其中，以人工林为主的培育资产价值为16611.37亿元，以天然林为主的非培育资产价值为5551.92亿元，分别占该地区林地总资产的74.95%和25.05%，培育资产价值是非培育资产价值的2.99倍（表4-23）。

表4-23 第九次东部地区森林资源清查林地价值量核算 单位：亿元

项目	合计	培育资产	非培育资产
1. 天然林	4990.13		4990.13
（1）乔木林地	3685.05		3685.05
防护林	1691.57		1691.57
特用林	502.58		502.58
用材林	1479.50		1479.50
能源林	11.41		11.41
（2）疏林地	20.24		20.24
（3）灌木林地	302.89		302.89
（4）经济林（包括乔木林、灌木林类型）	80.42		80.42
（5）竹林地	901.53		901.53
2. 人工林	15162.31	15162.31	
（1）乔木林地	6289.80	6289.80	

（续）

项目	合计	培育资产	非培育资产
防护林	1950.78	1950.78	
特用林	584.58	584.58	
用材林	3745.06	3745.06	
能源林	9.37	9.37	
（2）疏林地	60.55	60.55	
（3）灌木林地	210.27	210.27	
（4）经济林（包括乔木林、灌木林类型）	7657.54	7657.54	
（5）竹林地	944.15	944.15	
3. 未成林造林地	430.65	430.65	
4. 苗圃地	743.26	743.26	
5. 迹地	275.14	275.14	
6. 宜林地	561.79		561.79
合计	22163.29	16611.37	5551.92

东部地区乔木林地价值为 9974.85 亿元，占林地总价值的 45.01%，所占比重最大；其次为经济林地（包括乔木林、灌木林类型）价值 7737.96 亿元，占林地总价值的 34.91%；竹林地价值为 1845.68 亿元，占林地总价值的 8.33%；疏林地价值 80.79 亿元，所占比重最小，为 0.36%（图 4–10）。

iii. 西部地区。根据第九次全国森林资源清查结果核算，西部地区林地资产

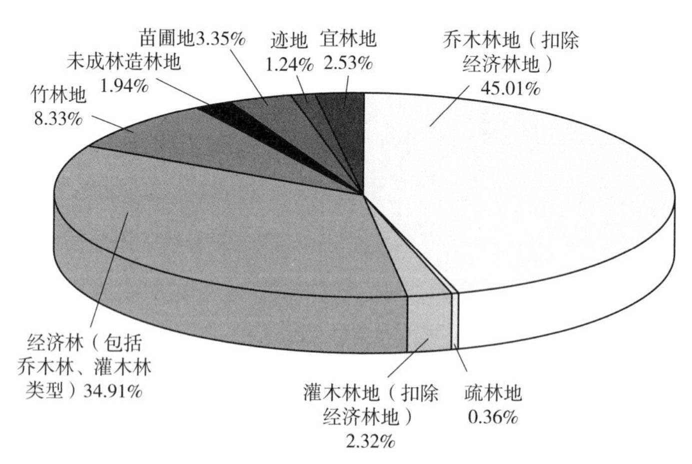

图 4–10　第九次全国森林资源清查东部地区各林地类型价值构成

价值为49190.70亿元，其中，以人工林为主的培育资产价值为17230.82亿元，以天然林为主的非培育资产价值为31959.88亿元，分别占林地资产的35.03%和64.97%，非培育资产价值约为培育资产的1.85倍（表4–24）。

表4–24 第九次西部地区森林资源清查林地价值量核算 单位：亿元

项目	合计	培育资产	非培育资产
1. 天然林	27167.55		27167.55
（1）乔木林地	16979.08		16979.08
防护林	9411.93		9411.93
特用林	2757.38		2757.38
用材林	4390.34		4390.34
能源林	419.43		419.43
（2）疏林地	455.91		455.91
（3）灌木林地	8994.26		8994.26
（4）经济林（包括乔木林、灌木林类型）	132.42		132.42
（5）竹林地	605.87		605.87
2. 人工林	16028.15	16028.15	
（1）乔木林地	6814.60	6814.60	
防护林	2001.56	2001.56	
特用林	314.39	314.39	
用材林	4492.26	4492.26	
能源林	6.40	6.40	
（2）疏林地	85.84	85.84	
（3）灌木林地	364.51	364.51	
（4）经济林（包括乔木林、灌木林类型）	7661.04	7661.04	
（5）竹林地	1102.17	1102.17	
3. 未成林造林地	884.03	884.03	
4. 苗圃地	51.09	51.09	
5. 迹地	267.55	267.55	
6. 宜林地	4792.33		4792.33
合计	49190.70	17230.82	31959.88

西部地区乔木林地价值为23793.68亿元，占林地总价值的48.37%，所占比重最大；其次为灌木林地，价值为9358.77亿元，占林地总价值的19.03%；

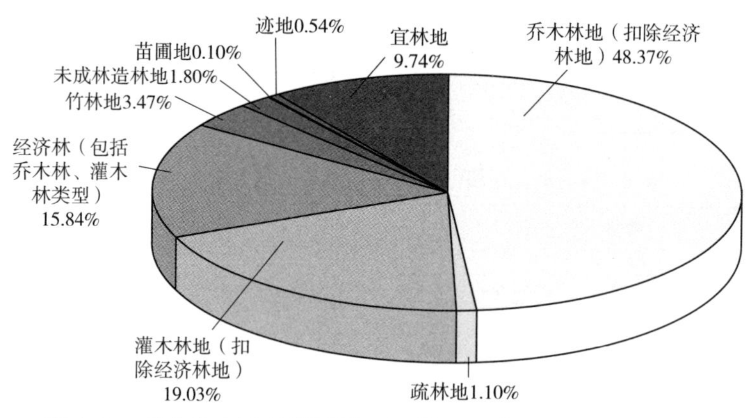

图 4-11　第九次全国森林资源清查西部地区各林地类型价值构成

经济林地（包括乔木林、灌木林类型）价值为 7793.46 亿元，占林地总价值的 15.84%；苗圃地价值为 51.09 亿元，所占比重最小，为 0.10%（图 4-11）。

iv. 中部地区。根据第九次全国森林资源清查结果核算，中部林地资产价值为 15555.55 亿元，其中，以人工林为主的培育资产价值为 7686.25 亿元，以天然林为主的非培育资产价值为 7869.30 亿元，分别占林地资产的 49.41% 和 50.59%，非培育资产价值略高于培育资产价值（表 4-25）。

表 4-25　第九次中部地区森林资源清查林地价值量核算　　单位：亿元

项目	合计	培育资产	非培育资产
1. 天然林	7258.18		7258.18
（1）乔木林地	5791.75		5791.75
防护林	2585.19		2585.19
特用林	832.61		832.61
用材林	2351.22		2351.22
能源林	22.73		22.73
（2）疏林地	19.81		19.81
（3）灌木林地	823.68		823.68
（4）经济林（包括乔木林、灌木林类型）	65.18		65.18
（5）竹林地	557.74		557.74
2. 人工林	7038.70	7038.70	
（1）乔木林地	3820.86	3820.86	

（续）

项目	合计	培育资产	非培育资产
防护林	1392.08	1392.08	
特用林	291.08	291.08	
用材林	2129.38	2129.38	
能源林	8.33	8.33	
（2）疏林地	19.11	19.11	
（3）灌木林地	15.71	15.71	
（4）经济林（包括乔木林、灌木林类型）	1938.51	1938.51	
（5）竹林地	1244.52	1244.52	
3. 未成林造林地	282.85	282.85	
4. 苗圃地	191.81	191.81	
5. 迹地	172.89	172.89	
6. 宜林地	611.12		611.12
合计	15555.55	7686.25	7869.30

中部地区乔木林地价值为9612.61亿元，占林地总价值的61.80%，所占比重最大；其次为经济林地（包括乔木林、灌木林类型）价值为2003.69亿元，占林地总价值的12.88%，竹林地价值为1802.26亿元，占林地总价值的11.59%；疏林地价值为38.92亿元，所占比重最小，为0.25%（图4-12）。

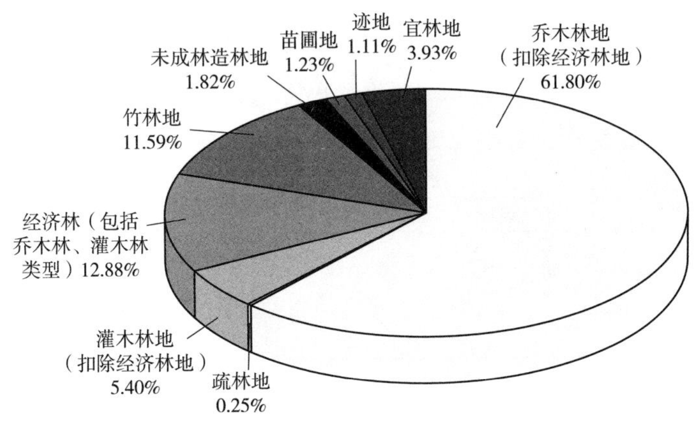

图4-12　第九次全国森林资源清查西部地区各林地类型价值构成

v. 按经济区统计。按照经济区统计，第八次、第九次全国森林资源清查林地价值核算结果见表 4–26。第九次清查的核算结果显示，西部地区林地价值为 49190.70 亿元，与第八次结果相比，增加了 10909.57 亿元，增加了 28.50%，占全国林地总价值的 51.58%。东部地区和西部地区林地总价值之和占全国林地总价值的比例接近 75%，较第八次清查核算结果有明显上升，东北地区和中部地区林地价值占全国林地价值的比例略有下降。

表 4–26　第八次、第九次全国森林资源清查林地价值分经济区统计

单位：亿元、%

地区	第八次清查				第九次清查			
	培育资产价值	非培育资产价值	林地总价值	占全国比例	培育资产价值	非培育资产价值	林地总价值	占全国比例
东北地区	2188.22	6423.70	8611.92	11.27	2012.56	6436.98	8449.54	8.86
东部地区	10171.18	5587.22	15758.40	20.62	16611.37	5551.92	22163.29	23.24
西部地区	10470.58	27810.55	38281.13	50.08	17230.82	31959.88	49190.70	51.58
中部地区	6306.69	7476.16	13782.85	18.03	7686.25	7869.30	15555.55	16.31
合计	29136.67	47297.63	76434.30	100.00	43541.01	51818.07	95359.08	100.00

（2）林木

①全国森林资源清查林木价值量核算

根据第九次全国森林资源清查结果核算，全国林木总价值为 155161.52 亿元。5 年间，林木资产价值增加了 18644.73 亿元，增长了 13.66%。以人工林为主的培育资产价值增加 35880.75 亿元，增长了 62.08%；以天然林为主的非培育资产价值减少 17214.01 亿元，减少了 21.86 %，这是由于 5 年间，木材价格大幅下降导致的。培育资产占林木总价值的比重增加了 18.02 个百分点（表 4–27）。

表 4–27　全国林木价值量核算结果　　单位：亿元

项目	合计	培育资产	非培育资产
第八次清查	136516.79	57755.31	78761.48
第九次清查	155161.52	93614.05	61547.47
变化（%）	13.66	62.08	–21.86

i. 第八次清查。根据第八次全国森林资源清查结果核算，林木总价值为 136516.79 亿元（专栏 4–7），其中，以人工林为主的培育资产和以天然林为

主的非培育资产分别为57755.30亿元和78761.48亿元，分别占林木总价值的42.31%，57.69%（表4-28）。

表4-28 第八次全国森林资源清查林木价值量核算 单位：亿元

项目	合计	培育资产	非培育资产
一、林木	130076.94	55480.42	74596.52
1. 天然林	74596.52		74596.52
（1）有林地	74140.78		74140.78
用材林	16622.66		16622.66
能源林	436.21		436.21
防护林	40545.29		40545.29
特用林	10095.61		10095.61
经济林	1291.46		1291.46
竹林	5149.56		5149.56
（2）疏林地	455.75		455.75
2. 人工林	55480.42	55480.42	
（1）有林地	55384.14	55384.14	
用材林	8200.69	8200.69	
能源林	82.87	82.87	
防护林	5600.03	5600.03	
特用林	484.04	484.04	
经济林	38353.84	38353.84	
竹林	2662.67	2662.67	
（2）疏林地	96.28	96.28	
二、其他林木	6439.84	2274.88	4164.96
1. 散生木	4164.96		4164.96
2. 四旁树	2274.88	2274.88	
合计	136516.79	57755.30	78761.48

专栏4-7 第八次全国森林资源清查各类林木价值构成

根据第八次全国森林资源清查结果核算，林木资产总价值136516.79亿元，其中天然林价值为74596.52亿元，占林木总价值的54.64%；人工林价值为55480.42亿元，占林木总价值的40.64%；其他林木价值为6439.84亿元，占林木总价值的4.72%。

ii. 第九次清查。根据第九次全国森林资源清查结果核算，林木总价值为155161.52 亿元（专栏 4–8），其中，以人工林为主的培育资产价值为 93614.05 亿元，以天然林为主的非培育资产价值为 61547.47 亿元，分别占林木总价值的 60.33% 和 39.67%（表 4–29）。

表 4–29　第九次全国森林资源清查林木价值量核算　　单位：亿元

项目	合计	培育资产	非培育资产
1. 天然林资源	56802.53		56802.53
（1）乔木林	52917.98		52917.98
防护林	30704.35		30704.35
特用林	9409.29		9409.29
用材林	12526.48		12526.48
能源林	277.86		277.86
（2）疏林	406.00		406.00
（3）经济林	1217.87		1217.87
（4）竹林	2260.67		2260.67
2. 人工林资源	89448.62	89448.62	
（1）乔木林	16707.76	16707.76	
防护林	6365.17	6365.17	
特用林	850.84	850.84	
用材林	9454.45	9454.45	
能源林	37.30	37.30	
（2）疏林	198.46	198.46	
（3）经济林	70533.51	70533.51	
（4）竹林	2008.89	2008.89	
3. 其他林木	8910.37	4165.43	4744.94
（1）散生木	4744.94		4744.94
（2）四旁树	4165.43	4165.43	
合计	155161.52	93614.05	61547.47

专栏 4–8　第九次全国森林资源清查各类林木价值构成

根据第九次森林资源清查结果核算，林木资产总价值为 155161.52 亿元，其中天然林价值为 56802.53 亿元，占林木总价值的 36.61%；人工林价值为 89448.62 亿元，占林木总价值的 57.65%；其他林木价值为 8910.37 亿元，占林木总价值的 5.74%。

②分经济区森林资源清查林木价值量核算

i. 东北地区。根据第九次全国森林资源清查结果核算，东北地区林木总价值为 14890.54 亿元，其中，以人工林为主的培育资产为 5164.97 亿元，以天然林为主的非培育资产为 9725.57 亿元，分别占该地区林木总价值的 34.69% 和 65.31%；人工林价值为 4757.40 亿元，天然林价值为 8885.91 亿元，其他林木价值为 1247.23 亿元，分别占林木总蓄积量的 31.95%、59.67% 和 8.38%（表 4–30）。

表 4–30　第九次东北地区森林资源清查林木价值量核算　单位：亿元

项目	合计	培育资产	非培育资产
1. 天然林资源	8885.91		8885.91
（1）乔木林	8758.95		8758.95
防护林	5196.09		5196.09
特用林	1255.20		1255.20
用材林	2283.55		2283.55
能源林	24.11		24.11
（2）疏林	14.78		14.78
（3）经济林	112.19		112.19
（4）竹林	0.00		0.00
2. 人工林资源	4757.40	4757.40	
（1）乔木林	1950.36	1950.36	
防护林	1095.20	1095.20	
特用林	86.90	86.90	
用材林	756.19	756.19	
能源林	12.06	12.06	
（2）疏林	2.23	2.23	
（3）经济林	2804.81	2804.81	
（4）竹林	0.00	0.00	
3. 其他林木	1247.23	407.57	839.66
（1）散生木	839.66		839.66
（2）四旁树	407.57	407.57	
合计	14890.54	5164.97	9725.57

ii. 东部地区。根据第九次全国森林资源清查结果核算，东部地区林木总价值为 38041.08 亿元，其中，以人工林为主的培育资产价值为 31468.94 亿元，以天

然林为主的非培育资产价值为6572.16亿元，分别占该地区林木总价值的82.72%和17.28%，培育资产价值是非培育资产价值的4.79倍；人工林价值为30706.24亿元，天然林价值为5998.00亿元，其他林木价值为1336.85亿元，分别占林木总蓄积量的80.72%、15.77%和3.51%（表4–31）。

表4–31　第九次东部地区森林资源清查林木价值量核算　　单位：亿元

项目	合计	培育资产	非培育资产
1. 天然林	5998.00		5998.00
（1）乔木林	4470.95		4470.95
防护林	2636.58		2636.58
特用林	438.74		438.74
用材林	1377.54		1377.54
能源林	18.09		18.09
（2）疏林	10.25		10.25
（3）经济林	341.88		341.88
（4）竹林	1174.92		1174.92
2. 人工林	30706.24	30706.24	
（1）乔木林	4994.81	4994.81	
防护林	1660.49	1660.49	
特用林	430.41	430.41	
用材林	2889.69	2889.69	
能源林	14.21	14.21	
（2）疏林	25.73	25.73	
（3）经济林	24706.24	24706.24	
（4）竹林	979.45	979.45	
3. 其他林木	1336.85	762.7	574.16
（1）散生木	574.16		574.16
（2）四旁树	762.70	762.7	
合计	38041.08	31468.94	6572.16

iii. 西部地区。根据第九次全国森林资源清查结果核算，西部林木总价值为67090.29亿元，其中，以人工林为主的培育资产价值为29124.58亿元，以天然林为主的非培育资产价值为37965.71亿元，分别占林木总价值的43.41%和

56.59%，非培育资产价值比培育资产多 8841.13 亿元；人工林价值为 26624.21 亿元，天然林价值为 35394.47 亿元，其他林木价值为 5071.61 亿元，分别占林木总蓄积量的 39.68%、52.76% 和 7.56%（表 4–32）。

表 4–32 第九次西部地区森林资源清查林木价值量核算 单位：亿元

项目	合计	培育资产	非培育资产
1. 天然林	35394.47		35394.47
（1）乔木林	34378.93		34378.93
防护林	20209.27		20209.27
特用林	7328.78		7328.78
用材林	6624.70		6624.70
能源林	216.18		216.18
（2）疏林	371.73		371.73
（3）经济林	332.53		332.53
（4）竹林	311.28		311.28
2. 人工林	26624.21	26624.21	
（1）乔木林	6512.26	6512.26	
防护林	2519.45	2519.45	
特用林	224.85	224.85	
用材林	3761.20	3761.20	
能源林	6.76	6.76	
（2）疏林	161.35	161.35	
（3）经济林	19040.14	19040.14	
（4）竹林	910.47	910.47	
3. 其他林木	5071.61	2500.37	2571.24
（1）散生木	2571.24		2571.24
（2）四旁树	2500.37	2500.37	
合计	67090.29	29124.58	37965.71

iv. 中部地区。根据第九次全国森林资源清查结果核算，中部地区林木总价值为 35139.59 亿元，其中，以人工林为主的培育资产价值为 27855.56 亿元，以天然林为主的非培育资产价值为 7284.03 亿元，分别占林木总价值的 79.27% 和 20.73%，培育资产价值为非培育资产价值的 3.82 倍；人工林价值为 27360.77 亿元，天然林价值为 6524.15 亿元，其他林木价值为 1254.67 亿元，分别占林木总

蓄积量的 77.86%、18.57% 和 3.57%（表 4–33）。

表 4–33　第九次中部地区森林资源清查林木价值量核算　　单位：亿元

项目	合计	培育资产	非培育资产
1. 天然林	6524.15		6524.15
（1）乔木林	5309.16		5309.16
防护林	2662.41		2662.41
特用林	386.56		386.56
用材林	2240.69		2240.69
能源林	19.49		19.49
（2）疏林	9.25		9.25
（3）经济林	431.27		431.27
（4）竹林	774.48		774.48
2. 人工林	27360.77	27360.77	
（1）乔木林	3250.33	3250.33	
防护林	1090.02	1090.02	
特用林	108.68	108.68	
用材林	2047.36	2047.36	
能源林	4.27	4.27	
（2）疏林	9.15	9.15	
（3）经济林	23982.32	23982.32	
（4）竹林	118.97	118.97	
3. 其他林木	1254.67	494.79	759.88
（1）散生木	759.88		759.88
（2）四旁树	494.79	494.79	
合计	35139.59	27855.56	7284.03

v. 按经济区统计。第八次、第九次全国森林资源清查林木价值按照经济区统计结果，如表 4–34 所示。第九次清查的核算结果显示，西部地区林木价值为 67090.29 亿元，较第八次核算结果增加了 1958.43 亿元，增加了 3.01%，占全国林木总价值为 43.24%，位列第一；东部地区和中部地区林木价值所占比重在两次清查期间略有升高。东北地区非培育资产以及林木总价值均有所下降，分别下降了 5066.95 亿元和 4663.99 亿元。

表 4-34 第八次、第九次全国森林资源清查林木价值分经济区统计

单位：亿元、%

地区	第八次清查				第九次清查			
	培育资产价值	非培育资产价值	林木总价值	占全国比例	培育资产价值	非培育资产价值	林木总价值	占全国比例
东北地区	4762.01	14792.52	19554.53	14.32	5164.97	9725.57	14890.54	9.60
东部地区	21554.93	8211.93	29766.86	21.80	31468.94	6572.16	38041.08	24.52
西部地区	17474.99	47656.87	65131.86	47.71	29124.58	37965.71	67090.29	43.24
中部地区	13963.38	8100.16	22063.54	16.16	27855.56	7284.03	35139.59	22.65
合计	57755.31	78761.48	136516.79	100.00	93614.05	61547.47	155161.52	100.00

第八次、第九次全国森林资源清查林地林木总价值按分区统计结果，如表2-35所示。第九次清查核算结果显示，西部地区林地林木总价值为116280.99亿元，较第八次结果增加了12868.00亿元，增加了12.44%，是我国林地林木总价值最高的经济区。中部地区林地林木总价值为50695.14亿元，较第八次结果增加了14848.75亿元，增长了41.42%，是我国林地林木资源总价值增速最快的经济区。东北地区林地林木总价值为23340.08亿元，占全国林地林木资源总价值的9.32%，总价值较第八次结果相比减少了4826.37亿元，下降了17.14%（4-35）。

表 4-35 第八次、第九次全国森林资源清查林地林木总价值分经济区统计

单位：亿元、%

地区	第八次清查		第九次清查		总价值增长量	总价值增长率
	林地林木总价值	占全国比例	林地林木总价值	占全国比例		
东北地区	28166.45	13.23	23340.08	9.32	–4826.37	–17.14
东部地区	45525.26	21.38	60204.37	24.03	14679.11	32.24
西部地区	103412.99	48.56	116280.99	46.42	12868.00	12.44
中部地区	35846.39	16.83	50695.14	20.24	14848.75	41.42
合计	212951.09	100.00	250520.60	100.00	37569.51	17.64

2. 价值存量变动分析

（1）林地存量变动

第九次全国森林资源清查期间，林地价值期初存量为76434.35亿元，期末存量为95359.07亿元。本期内，总增加量为2.14万亿元，减少量7037.64亿元，重估计增加4549.77亿元，净增加18924.72亿元。天然林林地价值净减少926.66

亿元，主要原因一是与第八次森林资源清查结果相比，国家规定的特殊灌木林面积减少，造成天然林林地面积减少，价值减少；二是人工林林地价值净增加14290.57亿元，比期初增长了57.13%，其中价格影响因素占39.68个百分点。人工林林地价值净增量占林地总价值净增量的75.51%（表4–36）。

表4–36　第九次全国森林资源清查期间林地价值量变动　　单位：亿元

项目	天然林	人工林	其他林地	合计
期初存量	34719.3	25014.76	16700.29	76434.35
本期增加	7269.34	8582.45	5560.81	21412.6
本期减少	2819.17	4218.47		7037.64
重估计	–5376.82	9926.59		4549.77
本期净增加	–926.66	14290.57	5560.81	18924.72
期末存量	33792.64	39305.33	22261.1	95359.07

（2）林木存量变动

林木价值量变动核算结果显示，林木期初价值存量为136516.78亿元，期末价值存量为155161.51亿元，期间价值存量增长了13.66%。本期内，林木价值量增加6.32万亿元，减少31087.8亿元，重估计减少13451.69亿元，净增加18644.73亿元。森林资源清查期内价值增长主要是因为人工林价值和其他林木价值增加。人工林的林木价值量净增加33769.74亿元，与期初相比增长了60.87%，其中价格影响因素占21.19个百分点（表4–37）。

表4–37　第九次全国森林资源清查期间林木价值量变动　　单位：亿元

项目	天然林	人工林	林木	合计
期初存量	74596.52	55480.42	6439.84	136516.78
本期增加	13555.62	46553.60	3074.99	63184.21
本期减少	6549.73	24538.07		31087.8
重估计	–25205.90	11754.21		–13451.69
本期净增加	–18200.01	33769.74	3074.99	18644.73
期末存量	56396.52	89250.16	9514.83	155161.51

四、全国林地林木资源核算主要结论

本研究采纳并吸收了国际前沿的环境经济核算理论方法，同时结合我国森林资源调查、统计工作实际和森林资源资产评估理论实践，开展全国林地林木资源实物量和价值量核算。林地林木资源核算账户与 SEEA-2012 国际标准接轨；估价方法采用了国内应用较多的森林资源资产评估方法，并与 SEEA-2012 推荐的方法保持原理一致；林地林木资源核算的实物量所需数据全部来自于全国森林资源清查结果，数据具有较高信度；价值量核算所需的调查数据来自于林地林木价值核算专项调查，调查方法可靠，样本量大，保证了数据的有效性，核算结果基本反映了核算期内林地、林木资源的存量和变动情况。

根据第九次全国森林资源清查结果开展林地林木资源核算，全国现有林地面积 3.24 亿公顷，活立木蓄积量 185.05 亿立方米；现有林地资产价值 9.54 万亿元，林木资产价值 15.52 万亿元；林地林木资产总价值 25.05 万亿元，较第八次森林资源清查期末总价值 21.29 万亿元，净增加 3.76 万亿元，增长了 17.66%。

（一）林地林木资源小幅增长，人均森林财富持续增长

第九次全国森林资源清查期间，全国森林面积增加 1322.37 万公顷，森林蓄积量增加 24.31 亿立方米，森林覆盖率从 21.63% 提高到 22.96%。核算结果显示全国林地林木总价值净增加 3.76 万亿元，增长率达到 17.66%。其中，林地资产价值增加 1.89 万亿，增长率达到 24.76%，林地实物增长因素占 4.26 个百分点。林地林木资产价值总量可观，如果从财富角度衡量，按照 2018 年全国人口 13.95 亿计算，相当于我国人均拥有森林财富 1.80 万元，比第八次全国森林资源清查期末的人均森林财富 1.57 万元增加了 0.23 万元，增长了 14.65%。

（二）天然林资源逐步恢复，天然林保护工程效益显著

核算结果显示，到第九次全国森林资源清查期末，天然林总面积和蓄积量分别达到 1.39 亿公顷、136.71 亿立方米。5 年间，天然乔木林面积和蓄积量分别增加了 451.73 万公顷和 13.75 亿立方米。随着天然林保护工程实施和禁止天然林商业性采伐政策实施，天然林得到进一步休养生息。

（三）人工林资产快速增长，“两山”转化的根基更加稳固

核算结果显示，到第九次全国森林资源清查期末，人工林总价值 12.86 万亿元，其中人工林林地价值 39305.33 亿元，人工林林木价值 89250.16 亿元。5 年间，人工林面积和蓄积量分别增加 673.12 万公顷和 9.04 亿立方米，人工林林地林木资产价值增加 4.81 万亿元，比期初增加了 59.71%。随着林业重点生态工程

稳步推进，国家储备林等重大工程实施，营造林面积不断增长，在森林抚育补贴，造林补贴等财政政策支持下，社会造林积极性进一步提高，经济林、竹林生产规模扩大，夯实了“两山”转化的物质根基。

（四）中东部地区林地林木资产价值增速高于全国平均水平，地方绿色发展的生态资本更加扎实

核算结果显示，第九次全国森林资源清查期末，全国林地林木资产总价值与第八次森林资源清查期末相比，净增 3.76 万亿元，增长了 17.66%。第九次森林资源清查期末，东部 10 省区林地林木资产总价值占全国总价值的 24.03%，较上期末增长了 32.24%；中部 6 省区林地林木资产总价值占全国总价值的 20.24%，较上期末增长了 41.42%；中东部地区占全国 28.71% 的林地面积和 23.30% 的林木蓄积量，形成的林地林木总资产占全国林地林木总价值的 44.27%。中东部地区的林地林木资产单位价值更高，拥有较高的生态资本强度，对于绿色发展的支撑作用更强。

（五）西部地区林地林木资产实物量、价值量最多，生态潜力巨大

西部地区林地面积占全国林地总面积的 58.65%，林木蓄积量占全国林木总蓄积量的 58.53%；形成的林地资产占全国林地总价值的 51.58%，林木资产占全国林木总价值的 43.24%，林地林木总资产占全国林地林木总价值的 46.42%，较上期增长了 12.44%。西部地区是我国林地林木实物量和价值量最高的经济区，可释放巨大的生态潜力。

第五章 江西省崇义县林地林木资源资产核算研究

国家林业和草原局发展研究中心森林资源核算项目组（以下简称项目组）指导江西农业大学专题研究组开展了县级林地林木资源价值核算调查、核算技术方法体系研究，选择了崇义县作为试点县，利用项目组制定的林地林木资源价值核算理论和技术方法对全县范围内的林木资源价值进行核算。

一、林地林木资源资产价值核算研究进展

《生态文明体制改革总体方案》提出要“制定自然资源资产负债表编制指南，构建水资源、土地资源、森林资源等的资产和负债核算方法，建立实物量核算账户，明确分类标准和统计规范，定期评估自然资源资产变化状况”;《编制自然资源资产负债表试点方案》提出“坚持边改革实践边总结经验，逐步建立健全自然资源资产负债表编制制度”，指出我国自然资源资产负债表的核算内容主要包括土地资源、林木资源和水资源等主要自然资源实物量存量及变动情况。森林资源是自然资源的重要组成部分，在保障国家生态安全方面起到重要作用。从国内实践看，探索编制自然资源资产负债表工作推动了森林资源资产价值核算工作。

从国际看，许多国家和组织将森林资源作为典型的自然资源或环境资产开展自然资源统计核算的实践,《环境经济核算体系中心框架—2012》(SEEA-2012) 成为国际上第一个环境经济核算的统计标准，其内容包含土地（其中包含林地)、林木资源资产的分类标准、核算方法和账户结构。英国国家统计局根据 SEEA-2012 设置了林地和林木实物资产账户、货币资产账户以及森林生态资产和生态系统服务实验性账户，对森林资源进行了较为全面的统计核算。

二、林地林木资源资产核算方法

（一）林地、林木资源的定义

根据我国《森林法》《森林资源规划调查技术规程》(GB/T 26424—2010) 以

及《江西省森林资源二类调查技术规程（第七次调查）》[①] 等规定，林地资源有天然林地、人工林地、未成林造林地、苗圃地、各种迹地等林地类型，其中天然林地和人工林地分别包含乔木林地、疏林地、灌木林地和竹林地等。我国的林木包括树木和竹子，林木资源包括天然林资源、人工林资源及其他林木，天然林资源和人工林资源均包括乔木林、竹林和特殊灌木林，其他林木指疏林、散生木和四旁树。按森林用途可将乔木林分为防护林、特种用途林、用材林、经济林和能源林。

鉴于林业辅助用地在江西省崇义县较少，故在本次林地资源资产核算中未考虑在内。

（二）林地林木资源资产价值量的核算方法

1. 林地资源资产价值核算方法

国际上通用的 SEEA–2012 以及项目组推荐的林地资产价值估价方法有年金资本化法、市场价格法和净现值法，本专题研究采用与 SEEA–2012 推荐的净现值法原理相一致的年金资本化法进行林地价值核算。林地年平均租金采用样本乡镇或林场的调查数据，在县域内按照面积进行加权平均，求算出不同林地类型的年租金，并累加求和得到林地价值，公式为：

$$V = \sum_{i=1}^{n} \frac{A_i}{P}$$

式中：V 为林地价值；i 为林地类型的种类；A_i 为第 i 种林地类型的年平均租金；P 为折现率。

本报告中林地资产的折现率选用 2.5%。

2. 林木资源资产价值核算方法

林木资源资产价值核算包括乔木林、经济林和竹林。根据国际上通用的 SEEA–2012 以及总项目组要求，采用净现值法、立木价值法和消费价值法等方法来核算。①净现值法，沿用了 Faustmann 方法，即未来林木净收益的现值。该方法把平均立木林价应用于不同树种的立木林价。②立木价值法，根据采伐运出的木材的原木价格，减去采伐、运输、归楞等成本后的价格，以

① 江西省森林资源与环境监测中心，2019.04，《江西省森林资源二类调查技术规程（第七次调查）》，p10–p20。

此确定相应立木蓄积量的平均价格。③消费价值法，是由立木价值法发展而来的，需要获得的信息是林木资源当前树龄结构的信息和不同成熟期活立木的立木价格。

净现值法又可分为收益净现值法、收获净现值法以及年金资本化法，立木价值法多演变为重置成本法等，消费价值法演变为市场价倒算法、现行市价法等。根据《森林资源资产评估技术规范》（LY/T 2407—2015）推荐的方法，本次技术测试对乔木林采用重置成本法、收获净现值法和市场价倒算法，对经济林主要采用收益净现值法，对竹林主要采用年金资本化法。其中，乔木林的近成过熟林资源资产价值核算采用市场价倒算法，中龄林资源资产价值核算采用收获净现值法，而幼龄林采用重置成本法进行资源资产价值核算。

（1）幼龄林价值评估

本专题研究选取了重置成本法对幼龄林价值进行评估，公式为：

$$V_n = K\sum_{i=1}^{n} C_i\ (1+P)^{n-i+1}$$

式中：V_n为第n年林龄的林木价值；C_i为第i年的以现行工价及生产水平为标准的生产成本；K为林分质量调整系数，用材林取K=1，非用材林取K=0.9；P为投资收益率。

用材林的林木价值评估普遍采用投资收益率5%。

（2）中龄林价值评估

中龄林的价值核算采用收益净现值法。即将被评估林木资产在未来经营期内各年的净收益按照一定折现率进行折现后累计求和，得出林木资产评估的价值。其原理与SEEA-2012推荐的净现值法相一致。公式为：

$$V_n = \sum_{t=n}^{u} \frac{A_t - C_t}{(1+P)^{t-n+1}}$$

式中：V_n为林木资产评估值；A_t为第t年收入；C_t为第t年支出；u为经营期；P为投资收益率；n为林分年龄。

中龄林价值评估的投资收益率取4.5%。

（3）近成过熟林价值评估

近成过熟林价值评估采用市场价倒算法，用被评估林木采伐后取得的木材市场销售总收入，扣除木材经营所消耗的成本及木材生产经营利润后，剩余部分作为林木资产评估林木价值，市场倒算法的基本原理相当于立木价格法。公式为：

$$V = W - C - F$$

式中：V 为近成过熟林林木价值；W 为木材销售总收入，对应木材价格；C 为木材生产经营成本，对应采运成本、销售管理费用等；F 为木材生产经营利润。

（4）经济林价值评估

经济林初产期核算采用重置成本法计算林木价值；盛产期核算采用收益净现值法，即经济林未来经营期内的净收益折现累积求和，公式为：

$$V_n = K \cdot A \frac{(1+P)^{u-n}-1}{P(1+P)^{u-n}}$$

式中：V_n 为经济林评估价值；A 为盛产期内年净收益；$u-n$ 为盛产期年限；P 为投资收益率，一般取 6%；K 为林分调整系数，此处取 0.9。

经济林投资收益较高，本专题研究采用 6% 的投资收益率。

（5）竹林价值评估

竹林价值评估一般采用年金资本化法，新造未成熟竹林可采用重置成本法。竹林稳产期核算采用年金资本化法。公式为：

$$V = K\frac{A}{P}$$

式中：V 为竹林评估价值；A 为竹林的年净收益；P 为投资收益率，一般取 6%；K 为林分质量调整系数，此处取 0.9。

本专题研究竹林林木价值评估按照毛竹林、杂竹林两大类进行，投资收益率与经济林一致，取 6%。

（三）林地林木资源资产价值核算结果

1. 县域森林资源概述

根据崇义县 2016 年森林资源二类调查资料，全县土地总面积 200308 公顷（不含犹江林场），其中林地面积 178650 公顷[①]，占土地总面积的 89.19%。林地面积中，有林地 157938 公顷，占 88.41%；疏林地 39 公顷，占 0.02%；灌木林地

① 包含了林业辅助生产用地类型。

15452公顷，占8.65%；未成林造林地2305公顷，占1.29%；无立木林地2796公顷，占1.57%；辅助生产林地116公顷，占0.06%；苗圃地4公顷。公益林地面积63802公顷，占林地面积的35.12%；商品林地面积114731公顷，占林地面积的64.88%。

全县森林面积173390公顷。其中有林地157938公顷，占森林面积91.09%；国家特别规定灌木林地15452公顷，占8.91%。有林地面积中，乔木林面积111436公顷，占70.56%；竹林面积46502公顷，占29.44%。森林面积按林种分：防护林面积27055公顷，占15.60%；特用林面积36735公顷，占21.19%；用材林面积96095公顷，占55.42%；经济林面积13505公顷，占7.79%。按起源分：天然林107163公顷，占61.80%；人工林66227公顷，占38.20%。

崇义县乔木林蓄积量分龄组统计见表5-1。

表5-1 崇义县乔木林蓄积量分龄组统计 单位：立方米

项目	指标	合计	幼龄林	中龄林	近熟林	成熟林	过熟林
天然林	合计	8751866	350490	6924417	1107160	345323	24476
	防护林	2014542	125920	1552460	244115	87038	5009
	特用林	3218717	45619	2932242	178895	58788	3173
	用材林	3518607	178951	2439715	684150	199497	16294
人工林	合计	5168923	832964	1477333	1038072	1718269	102285
	防护林	146546	60123	44591	25884	15948	0
	特用林	493895	15637	242158	129876	80003	26221
	用材林	4528482	757204	1190584	882312	1622318	76064

崇义县经济林主要由脐橙、柑橘、油茶等组成，此三种经济作物占全县经济林种植面积的99%以上。鉴于脐橙和柑橘这两种经济作物生长过程及经济收入比较类似，故按同一类经济作物处理，将崇义县作为资产价值核算的经济作物按“油茶”和“脐橙、柑橘”两类来处理。这二类经济作物的各生长期面积统计见表5-2。

表 5-2　崇义县主要经济作物分生长期统计　　单位：公顷

项目	合计	产前期	初产期	盛产期	衰产期
合计	13128.97	995.00	395.90	8719.14	3018.93
油茶	8461.26	471.23	42.23	4975.00	2972.79
脐橙、柑橘	4667.71	523.77	353.67	3744.14	46.13

2. 林木资源资产价值核算的抽样方案设计

（1）抽样方案的类型

抽样设计应使调查具有充分的代表性，保证一定的估计精度，并尽可能节省调查的人力、物力和财力，便于操作执行。根据崇义县森林资源二类调查数据结果及全县森林资源状况，抽样调查方案采用分层多阶不等概率抽样。

据统计，全县共有 16 个乡镇、12 个国有林场（保护区），共计 236 个自然行政村（工区），见表 5-3。每个乡镇或林场所包含的自然行政村或工区不同，有的多达 18 个，有的少至 3 个。

表 5-3　试验县多阶抽样基本特征统计　　单位：千米、公顷

一阶抽样单元（乡镇、林场）	二阶抽样单元（村庄、工区数量）	交通情况（距县城距离）	用材林面积	经济林面积	备注
横水镇	18	1	11787	1229.1	县政府所在地
铅厂镇 *	7	12	5415.5	1480.1	
扬眉镇 *	12	25	3408.3	1508.8	
龙勾乡 *	10	30	1604.1	1944.3	
长龙镇 *	9	8	7555.6	836.8	
过埠镇	13	12	4664.2	724.7	
金坑乡	7	15	5264.6	984.5	
杰坝乡	6	20	3727.6	0	
思顺乡 *	10	32	3668.3	1091.9	
麟潭乡	8	35	5792.6	461.2	
上堡乡 *	12	40	5776.7	503	
关田镇	8	13	8719.5	806.5	
聂都乡 *	11	36	2895.8	95	
文英乡	7	20	7232.1	247.8	

（续）

一阶抽样单元（乡镇、林场）	二阶抽样单元（村庄、工区数量）	交通情况（距县城距离）	用材林面积	经济林面积	备 注
乐洞乡 *	6	43	2929.4	63.2	
丰州乡 *	9	38	9611.5	389.1	
天台山林场 *	4	15	477.9	41.7	
新溪林场 *	4	28	344.2	6.5	
思顺林场 *	11	45	2.2	1.4	特用林面积 9655.5
高垒林场	14	20	2970.8	108.3	
密溪林场 *	5	13	1844	40	防护林面积 4409.7
龙峰林场 *	7	38	1236.9	25.4	特用林面积 1833.5
丰州林场 *	10	28	1546.9	18	防护林面积 1098.4
桐梓林场 *	5	32	893.5	13.2	防护林面积 1113.7
聂都林场 *	5	35	315.5	0	特用林面积 1718.2
石罗林场 *	3	16	715.7	53.4	防护林面积 1136.8
朱坑林场 *	9	10	1329.3	140.3	防护林面积 1672.3
阳岭保护区 *	6	2	4.8	2.8	特用林面积 2026.1
总计	236	--	101733.9	12817	

注：* 表明该乡镇（林场）的防护林或特用林面积超过 1000 公顷。

（2）层的划分及抽样单元的确定

根据 2016 年全县森林资源二类调查数据，全县林业用地小班（细班）数量为 37992 个，涉及全县 28 个乡镇、林场（保护区）。为了抽样核算方便，考虑林龄、优势树种及郁闭度等因子，按乔木林龄组和竹林将总体分为 4 层，即幼龄林、中龄林、近成过熟林和竹林。层内根据不同抽样单位大小按不等概率抽选乡镇或林场，抽样单位小班数量多的乡镇被多分配一些样本，而抽样单位的小班数量较少或类型不齐全的乡镇少分配一些样本，甚至不分配样本（如有些林场无经济林，则不分配经济林样本）。

本专题研究设置的抽样方案如图 5-1 所示。在多阶样本单元中，以乡镇 / 林场作为一阶（初阶）单元，乡镇林场所辖的林班作为二阶单元，以林班作为每个一阶单元的二阶抽样框，若二阶单元（林班）内树种、林龄一致，则不需要设置三阶单元（小班或细班），若不一致，则进行抽取三阶样本单元（小班或细班）。

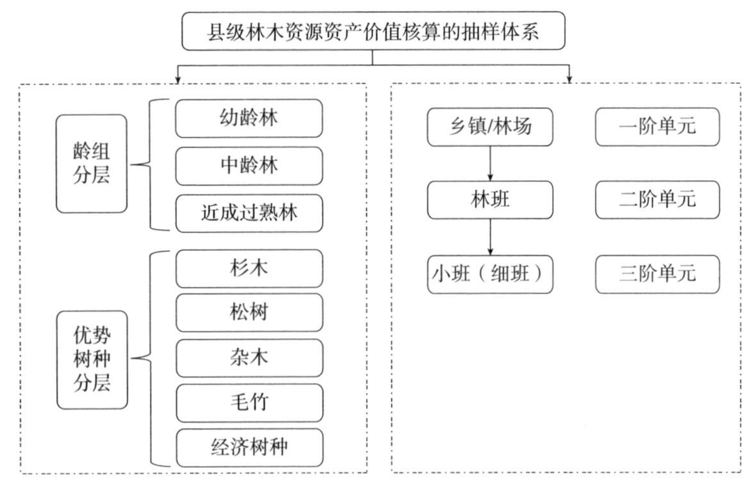

图 5-1　分层多阶不等概率抽样

（3）样本量的确定与分配

根据对目标量估计的精度要求确定样本量。此次抽样调查的目标量多数以小班（细班）的蓄积量出现。选择了 3 个一阶样本单元，每个一阶样本单元下各抽取 3 个二阶样本单元，每个二阶样本下按不等概率抽样的方式抽取三阶样本单元。三阶样本单元内按树种、林龄分层，每层分别抽取 6 个小班作为三阶样本单元，进行核算。

若抽中的一阶样本单元大小较小，即未能满足二阶样本单元需要，则直接将三阶样本单元升级为二阶样本单元，进行汇总计算。

鉴于一阶样本中有较小样本单元，为了保持抽样的统一，故在进行核算时，将原来方案中的三阶样本单元作为二阶样本单元进行计算，在一阶样本单元内的抽样框设置为该一阶样本单元下的所有小班（细班）。

所以，最终抽样方案中采用的是分层二阶不等概率抽样。

3. 县域林地林木资源资产价值存量核算结果

根据 SEEA-2012 对环境资产分类原则，开展实物量核算时，林木资源划分为培育资产和非培育资产两类。培育资产指人为经营利用的林地和林木资源类型。非培育资产指天然起源形成的林地和林木资源类型。

（1）林地资源资产价值核算结果

对县域所有林地按要求分为天然林资源、人工林资源、未成林造林地、苗圃地、迹地、宜林地等林地类型进行核算，先统计其数量，得到全县林地实物量为 178533.27 公顷[①]，详见表 5–4。从林地实物量核算表可看出，县域内乔木林地、竹林地是主要的林地类型。其中，乔木林地面积占全县林地资源面积的 69.66%，竹林地面积占全县林地面积的 26.05%。天然林资源中以防护林、特用林、用材林和竹林占优势，分别占该类型的 14.42%、20.41%、20.08%、43.02%，而人工林资源中以用材林和经济林为主，分别占人工林资源的 70.02% 和 19.93%。

表 5–4 林地实物量核算 单位：公顷

项目	合计	培育资产	非培育资产
1. 天然林	107186	0	107186
（1）乔木林地	59918.3		59918.3
防护林	15452		15452
特用林	21874.5		21874.5
用材林	22591.8		22591.8
能源林	0		0
经济林	0		0
（2）疏林地	23.2		23.2
（3）灌木林地	1129.4		1129.4
（4）竹林地	46115.1		46115.1
2. 人工林	65873.57	65873.57	
（1）乔木林地	64449.97	64449.97	
防护林	1469	1469	
特用林	3723.9	3723.9	
用材林	46128.1	46128.1	
能源林	0	0	
经济林	13128.97	13128.97	
（2）疏林地	15.3	15.3	
（3）灌木林地	1021.8	1021.8	

① 未包含 116.2 公顷的林业辅助生产用地。

（续）

项目	合计	培育资产	非培育资产
（4）竹林地	386.5	386.5	
3. 未成林造林地	3165.2	3165.2	
4. 苗圃地	3.9	3.9	
5. 迹地	2796.6	2796.6	
6. 宜林地	0		0
合计	178533.27	71347.27	107186

经调研得知，试点县的林地租金以苗圃最高，可达 1000 元 /（公顷·年）；其次是用材林，其林地租金为 700 元 /（公顷·年）；其他森林类型的林地租金均为 600 元 /（公顷·年）。调研时未获得防护林、特种用途林、能源林及宜林地等林地类型的地租租金，故采用疏林地或灌木林地的林地租金代替，具体各林地类型的地租租金详见表 5–5。

表 5–5　江西省崇义县林地地租调查结果　　单位：元 /（公顷·年）

林地类型	年租金
用材林	700
防护林	--
特用林	--
能源林	--
经济林	600
疏林地	600
灌木林地	600
未成林地	600
苗圃地	1000
无立木林地	600
宜林地	--

注："--" 表示无数据。

根据调研的结果，将各类林地租金代入林地资源资产价格核算公式中，得到各林地类型的年租金，再乘以该林地类型的面积，即可得到该林地类型的县域价值。以天然林资源为例，其林地资产价值为：

$$V=\sum_{i=1}^{n} S_i * \frac{A_i}{p} = 15452 \times \frac{600}{2.5\%} + 21874 \times \frac{600}{2.5\%} + 22591.8 \times \frac{700}{2.5\%} +$$

$$23.2 \times \frac{600}{2.5\%} + 1129.4 \times \frac{600}{2.5\%} + 46115.1 \times \frac{600}{2.5\%}$$

$$= 370848000 + 524988000 + 632570400 + 556800 + 27105600 + 1106762400$$

$$= 2662831200（元）$$

人工林资源的资产价值计算与此类似，由此得到各林地类型的资产价值量统计表，见表 5–6。从表 5–6 中可看到，项目试点县的全县林地价值约为 455974.05 万元，其中用材林地价值约占林地总价值的 42.20%，培育资产占比为 41.60%，非培育资产占比为 58.40%。

表 5–6　林地价值量核算　　单位：万元

项目	合计	培育资产	非培育资产
1. 天然林	266283.12	0	266283.12
（1）乔木林地	152840.64	0	152840.64
防护林	37084.80	0	37084.80
特用林	52498.80	0	52498.80
用材林	63257.04	0	63257.04
能源林	0	0	0
（2）疏林地	55.68	0	55.68
（3）灌木林地	2710.56	0	2710.56
（4）竹林地	110676.24	0	110676.24
（5）经济林（包括乔木林、灌木林类型）	0	0	0
2. 人工林	176547.81	176547.81	0
（1）乔木林地	173131.17	173131.17	0
防护林	3525.6	3525.60	0
特用林	8937.36	8937.36	0
用材林	129158.68	129158.68	0
能源林	0	0	0
（2）疏林地	36.72	36.72	31509.53
（3）灌木林地	2452.32	2452.32	0

（续）

项目	合计	培育资产	非培育资产
（4）竹林地	927.6	927.6	0
（5）经济林（包括乔木林、灌木林类型）	31509.53	31509.53	0
3. 未成林造林地	5531.04	5531.04	0
4. 苗圃地	15.6	15.6	0
5. 迹地	7596.48	7596.48	0
6. 宜林地	0	0	0
合计	455974.05	189690.93	266283.12

（2）林木资源资产价值核算结果

根据课题组实地调研及全县的森林资源二类调查数据，我们将全县的所有乡镇及国有林场设置为一阶单元，各乡镇或林场下辖的林业小班（细班）设为抽样框，在抽中的一阶样本单元内按树种、林龄（龄组）进行分层。根据各乡镇或林场距县城的距离进行不等概率抽样，选取一阶样本（乡镇或林场 ）单元，见附件 3。

通过等距抽样的方法抽取样本乡镇或国有林场一阶样本单元。按照乡镇或国有林场距县城的远近程度，对乡镇或国有林场进行编号，确定样本框，并根据样本数确定等距抽样的抽样间隔 k。本专题研究按照这种抽样程序选中了 3 个乡镇或国有林场，即朱坑林场、高坌林场和丰州乡，每个乡镇或林场随机抽取 3 个村分场作为二阶样本单元，分别按树种、龄组进行统计、计算其资产价值量。

抽中的朱坑林场、高坌林场和丰州乡这 3 个初级单元的二级单元个数分别是 14、9 和 9，所含有的小班个数分别是 955、807 和 2718，包括了核算的所有类型和二阶样本单元数。

通过对二类调查数据的整理，得到表 5–7 所列的各林木资源实物量存量核算表。

表 5–7　林木实物量核算　　单位：立方米、公顷

项目	合计	培育资产	非培育资产
1. 天然林	8751866	0	8751866
（1）乔木林	8751866		8751866
防护林	2014542		2014542

（续）

项目	合计	培育资产	非培育资产
特用林	3218717		3218717
用材林	3518607		3518607
能源林	0		0
经济林	0		0
（2）疏林			
2. 人工林	5168923	5168923	
（1）乔木林	5168923	5168923	
防护林	146546	146546	
特用林	493895	493895	
用材林	4528482	4528482	
能源林	0	0	
经济林			
（2）疏林			
3. 其他林木	2174128	180867	1993261
（1）散生木	1993261	0	1993261
（2）四旁树	180867	180867	0
合计	16094917	5349790	10745127

注：在实物量核算中不包括经济林和竹林，在价值量核算中包括经济林和竹林。

根据实地调研得知，崇义县用材林在培育过程中，通常在新造林地连续两年开展砍杂等管护措施，需要支付管护成本，在中龄林阶段，一般经过两次抚育间伐，获得到间伐收入。

各林木资源资产核算过程如下：

①选择其中一个初级样本单元，随机筛选杉木幼龄林小班 6 个，将杉木林的造林成本和管理成本等经济信息代到“幼龄林价值核算”公式中，得到该初级样本（乡镇林场）中杉木幼龄林单位蓄积量的林木价值；

②在该初级样本单元中，随机筛选杉木中龄林小班 6 个，将杉木林的间伐成本、收益以及林分年龄等经济信息代入“中龄林价值核算”公式，得到该初级样本中杉木中龄林单位蓄积量的林木价值；

③在该初级样本单元中，随机选取杉木近成过熟林小班 6 个，将杉木的木材综合出材率、采运成本、木材销售价格、木材销售服务费用等经济指标代入“近成过熟林价值核算”公式中，得到该初级样本中杉木近成过熟林单位蓄积量的林木价值；

④重复①～③步，分别计算得到该初级样本的马尾松、阔叶树的幼龄林、中龄林、近成过熟林的单位蓄积量林木价值；

⑤在该初级样本单元中，随机选取经济林小班，初产期或产前期 6 个小班，按重置成本法核算林木价值，盛产期 6 个小班按收益净现值法核算林木价值，计算公式分别参见“林木资源资产价值核算方法”部分；

⑥在该初级样本单元中，按稳定前期和稳产期分别随机选取毛竹林小班 6 个，前者按重置成本法核算竹材价值，后者按年金资本化法计算。在稳产期内，补充竹笋的经济收益；

⑦在其他两个初级样本单元中，同样按照①～⑥重复计算得到杉木、马尾松、阔叶树种、经济林、竹林各个生长阶段的单位蓄积量（面积）的林木价值；

⑧分别计算 3 个初级单元中杉木、马尾松、阔叶树种、经济林、竹林各个生长阶段的平均单位蓄积量（面积）林木价值，代入县域林木统计表中，即可得到不同林木类型的林木价值。

需要说明的是，抽中的这 3 个初级样本单元中，经济林和竹林的小班均未达到要求的“6 个小班以上”，所以，在全县域小班数据库中随机抽选出符合要求的小班进行统计整理和计算。

根据林木资源价值量核算方法及相关林业经济指标信息，计算出崇义县域范围林木价值量如表 5–8 所示。

表 5–8　林木价值量核算　　单位：万元

项目	合计	培育资产	非培育资产
1. 天然林	251057.82	0	251057.82
（1）乔木林	227091.82		227091.82
防护林	55873.48		55873.48
特用林	73924.24		73924.24

（续）

项目	合计	培育资产	非培育资产
用材林	97294.1		97294.10
能源林	0		0
（2）疏林	0		
（3）竹林	23966		23966
（4）经济林	0		0
2. 人工林	4066466.16	4066466.16	0
（1）乔木林	203492.16	203492.16	
防护林	8328.04	8328.04	
特用林	13947.38	13947.38	
用材林	181216.74	181216.74	
能源林	0	0	
（2）疏林	0		
（3）竹林	182119	182119	
（4）经济林	3680855	3680855	
3. 其他林木	33285.9	2769.07	30516.83
（1）散生木	30516.83	0	30516.83
（2）四旁树	2769.07	2769.07	0
合计	4350809.88	4069235.23	281574.65

表 5-8 中其他林木的资产价值由阔叶树种的平均每立方米价值推算得到。疏林地上的林木资产价值由于面积较小、株数较少，其林木价值在本次核算过程中忽略不计。

从表 5-8 可以看出，崇义县林木资源资产价值约有 4350809.88 万元。其中，经济林的价值最高，约为 3680855 万元，占全县林木资源价值的 84.60%；其次是乔木林的资产价值，约为 430583.98 万元；再次为竹林的竹材资产价值，约为 182119 万元。在乔木林资源资产价值构成中，天然林资源和人工林资源的资产价值分别为 227091.82 万元和 203492.16 万元。

第六章　秦皇岛市国有林场森林资源核算研究

秦皇岛市位于河北省东北部，南临渤海，是首都经济圈的重要功能区，也是京津冀辐射东北的重要门户和节点城市。境内汇集山、海、关、城、湖泊等丰富的旅游资源。优越的地理位置、悠久的历史文化以及良好的生态环境使秦皇岛市成为闻名遐迩的滨海旅游城市和生态宜居城市，每年吸引着数以千万计的游客到此旅游休闲，素有“中国夏都”之美誉。秦皇岛市始终坚持生态立市的发展战略，努力践行“绿水青山就是金山银山”的发展理念。2018 年秦皇岛市荣获“国家森林城市”的称号。

为深入贯彻生态文明制度建设，落实河北省政府向省人大常委报告国有资产管理情况的制度要求，2019 年，秦皇岛市在河北省人大指导下，开展了国有林场森林资源资产价值化核算试点工作。本专题研究以中国森林资源核算理论为框架，以探索建立国有森林资源资产管理情况报告为目标导向，在分析秦皇岛市国有林场森林资源调查结果的基础上，开展了国有林场森林资源资产核算实地调查、国有林场森林资源资产核算和国有林场森林资源资产负债表编制工作。本次核算工作的主要目的是探索秦皇岛市国有森林资源资产价值化理论方法和技术体系，摸清秦皇岛市国有林场森林资源资产家底（实物量和价值量核算），编制国有森林资源资产负债表，研究形成一套市域范围内的可复制、可推广的国有森林资源资产核算报告技术方法体系。

一、核算工作背景与意义

（一）国有森林资源资产核算工作背景

开展秦皇岛市国有林场森林资源资产核算，是加快生态文明制度建设的必然要求。党的十八大将生态文明建设纳入中国特色社会主义建设“五位一体”总体布局，提出了优化国土空间开发格局、全面促进资源节约、加大自然生态系统和环境保护力度、加强生态文明制度建设等一系列措施和要求。2013 年，党的十八届三中全会做出了“探索编制自然资源资产负债表，对领导干部实行自然资源资产离任审计，建立生态环境损害终身追究制”的重大决定。2014年《中共中央 国务院关于加快生态文明建设的意见》中进一步明确了生态文明建设的指导思想、基本原则、主要目标和具体措施，对生态文明建设进行了全面的部署。同年，国家发改委联合六部门启动第一批生态文明先行示范区建设，探索编制自然资源资产负债表、开展自然资源资产离任审计是其中重要的制度创新内容，河北省承德市、张家口市入选为第一批建设名单。森林是陆地生态系统的主体，是生态文明建设的主阵地和主战场。国有林场是国有森林资源资产的重要根基，是生态建设的重要阵地，开展国有林场森林资源资产核算对于贯彻生态文明制度建设意义重大。

开展秦皇岛市国有林场森林资源资产核算，是落实国有自然资源资产管理情况报告的重要手段。2013年，党的十八届三中全会在“加强社会主义民主政治制度建设”中提出，“要加强人大预算决算审查监督、国有资产监督职能”。2017年，中共中央印发《关于建立国务院向全国人大常委会报告国有资产管理情况制度的意见》，进一步明确了国务院向全国人大常委会报告国有资产管理情况工作的重要意义、指导思想、报告方式和审议程序等内容。为落实意见要求，全国各省市相继制定出台了政府向人大常委会报告国有资产管理情况办法，启动了国有资产报告审议和监督工作。全国人大常委会和河北省人大常委会制定下发了国有资产管理情况报告五年规划，要求以“全面规范、公开透明、监督有力”为目标，在5年内全面摸清国有资产家底，理清国有资产管理体制机制。因此，开展秦皇岛市国有林场森林资源资产核算，对于建立健全国有资产管理情况报告和监督制度具有重要现实意义。

（二）森林资源资产核算的意义

开展森林资源资产核算是落实“绿水青山就是金山银山”理念的重要举措。森林资源作为绿水青山的物质载体，对于维护生态平衡和促进绿色发展具有重要意义。人类社会的发展离不开森林可持续发挥的生态、经济和社会多重效益，经济社会发展与森林资源保护已经日益不可分割。森林不仅提供人们日常生活以及经济发展所需要的木材、林产品等物质产品，还可以提供涵养水源、保持水土、维护生物多样性等人类社会必需的生态产品。随着经济社会发展对林木资源、各类林产品和生态产品的需求越来越多，森林资源越来越显得稀缺，森林多种服务功能变得越来越重要，森林资源资产价值不断凸显。随着森林生态系统服务价值化技术的不断开发，森林资源资产价值内涵也不断扩展。森林资源蕴含的巨大经济价值越来越受到社会认可和关注。森林作为一种环境资产，是自然生产和人类生产活动相结合的产物，其价值判断既要考虑森林作为物的稀缺性，坚持市场等价交换原则，又要考虑森林的生态效益、社会效益等非市场价值部分，这部分价值往往无法通过市场交换，作为社会收益被全体社会成员享用。对森林资源资产的直接使用价值和间接使用价值进行评估，对于完善森林资源核算理论体系和自然资源资产管理都具有重要现实意义。

开展国有林场森林资源资产核算是落实国有自然资源资产管理的重要手段。2017 年，党的十九大报告明确提出“加强对生态文明建设的总体设计和组织领导，设立国有自然资源资产管理和自然生态监管机构，完善生态环境管理制度”。秦皇岛市开展国有林场森林资源资产价值化核算试点工作，是落实国有自然资源资产管理情况报告制度的重要举措。无论是从“生态文明建设”的角度还是从“社会主义民主政治制度建设”的角度看，开展秦皇岛市国有林场森林资源核算都具有十分重要的意义。

河北省人大常委会在秦皇岛市先期组织开展国有林场森林资源资产价值化试点，对秦皇岛市 7 个国有林场权属管辖范围内的所有林地、林木（立木）以及全市古树名木等森资源资产进行调查摸底，研究制定国有林场森林资源资产核算框架及指标体系，开展国有林场森林资源资产统计核算工作，编制秦皇岛市森林资源资产负债表，将为秦皇岛市国有自然资源资产管理情况报告工作和全省工作奠定坚实的工作基础和重要的理论借鉴。

（三）森林资源资产核算的原则与依据

森林资源资产价值核算的关键技术点之一是存量资产估价。本专题研究认为，森林资源资产估价既包括对林地林木资源资产可以进行市场交易的部分的价值进行评估，也包括对生态效益等森林间接使用价值的评估。我国森林资源评估工作在林业市场流通领域已经具备扎实的实务操作基础，但是对于森林资源的非市场价值部分和主要提供公共服务目的的森林资源的估价问题还没有形成统一的估价技术体系。

2006 年，财政部和国家林业局一起颁布了《森林资源资产评估管理暂行规定》，森林资源资产评估行为规范得到进一步完善。2008 年，中共中央、国务院颁布了《关于全面推进集体林权制度改革的意见》，《意见》主要明确了集体林地林木的产权问题，林业经营机制要改革创新，现代林业产权制度需全面完善。2015 年，林业行业标准《森林资源资产评估技术规范（2015 年）》颁布。2016 年，林业行业标准《自然资源（森林）资产评价技术规范》颁布。这些技术方法体系为森林资源资产价值核算提供了若干技术方法支撑。

秦皇岛市国有林场森林资源资产价值核算，需要遵循资产评估的一般理论方法和基本原则，即遵循公开市场、公平交易原则，获取林地林木资源相关产品的市场价格、成本等经济数据，坚持客观性、科学性、可行性等一些基本原则，选择合适的技术方法进行估价。客观性原则应以客观事实为依据评估；科学性原则要求科学、合理评估资源资产的价值。可行性原则是要求评估切实、可行；操作性原则包括持续经营、替代性和公开市场原则；持续经营原则是根据在评估时森林资源可继续使用的情况下，确定相应的评估方法、参数与依据。同时，我们认识到国有森林资源资产更多地被用于生产公共产品、提供公共服务，尤其是创造更多生态效益和社会效益。因此，对国有森林资源资产价值核算还需要统筹兼顾森林资产的间接使用价值。通过对森林资产具备的生态效益、社会效益等间接使用价值进行估价，实现将森林资源的外部性通过价值化渠道进行内部化，这有利于全面认识森林资源资产价值，有利于对国有自然资源实现资产化管理。

（四）森林资源核算理论

森林资源核算是森林资源经济学的重要研究范畴。2004 年，联合国粮农组织编制的《林业环境与经济核算指南》指出，进行系统全面的森林核算，其根本目标是要全面反映森林对于经济社会发展的贡献，以及显示经济活动对森林所产生的影响，通过核算应该能够回答有关林业可持续管理方面的问题：森林对经济的总贡献有多大？如何权衡森林利用者之间的竞争关系？森林利用如何达到最优状态？其他非林业政策对森林利用有什么影响？为实现上述根本目标，森林核算必须完成以下两个方面的工作：第一，从实物和价值两个层面将森林存量核算与木材、非木质林产品、森林生态服务等流量核算结合起来；第二，将上述核算内容与国民经济核算内容联系起来。

1. 森林资源核算基本框架

联合国综合环境经济核算体系中心框架SEEA-2003、SEEA-2012把森林资源作为环境资产进行核算。其中，将林地资源作为土地资源的一部分核算或者与林木资源结合起来核算，将林木资源单独核算。联合国试验性生态系统账户（EEA）将森林生态系统服务单独核算。但是联合国推荐的森林资源核算内容，特别是生态系统服务如何与国民经济核算（SNA）相衔接还缺乏应用指导，需要进一步总结实践经验。

2013年，中国森林资源核算项目组发布的《生态文明制度构建中的中国森林资源核算研究》指出，森林核算是在传统林业统计、国民经济核算的基础上扩展形成的，其目标是将森林纳入国民经济核算框架之中。森林核算是综合环境经济核算的一个特定专题，进行森林核算必须要在总体上遵循以下基本原则：一是与国民经济核算体系相衔接；二是与国际环境经济核算体系相协调；三是与中国森林资源和林业统计相衔接。

中国森林资源核算研究组提出的森林核算体系包括5个组成部分：一是森林资源存量核算；二是森林资源流量核算；三是森林资源经营管理与生态保护支出核算；四是林业投入产出核算；五是森林综合核算。项目组研究成果集中在森林资源存量核算和森林资源流量核算上。森林资源存量核算包括林地林木资源实物量和价值量核算。森林资源流量核算包括森林生态系统服务物质量和价值量核算。

中国森林生态系统服务核算研究已经具备坚实的理论和实践基础。本专题研究在中国森林资源核算项目组的理论框架下，进一步完善森林资源存量核算范围，将森林资产的间接使用价值即森林生态系统调节服务效用价值纳入核算内容。这不仅仅是对国民经济核算无法衡量非市场效益福利的批判，更重要的是可以比较全面地衡量森林资源资产价值，有利于落实土地用途管制等政策，以及国有资产管理的科学决策。

2. 森林资源核算估价理论

森林资产估价无疑是森林核算的基础理论部分。但是在衡量森林非市场价值方面，由于数据质量、人们对生态系统运行的认识等原因导致森林非市场价值评估更加复杂。联合国粮农组织《林业环境与经济核算指南》指出，从理论上说，森林资产的价值应该以森林生长周期内所产生的收益流为基础。因此，对森林资产价值进行估价，前提是要把它所提供的所有产品、服务功能价值都包括在内。但是迄今为止，由于非市场性林产品和生态服务的估价问题尚未解决，因此，在确定森林资产价值时，一般只考虑林地和林木两个要素。这就是说，森林资产价值主要是指其市场经济价值，较少涉及森林所包含的生态服务功能。

从国内关于森林资产价值评估的研究来看，大部分学者将森林生态系统服务价值作为服务流量进行核算，研究的分歧只是核算森林生态系统服务指标的取舍，以及参数的选择，森林生态系统服务的价值并不被考虑在森林资产总价值之内。国内也有一部分学者认为，生态资产价值应该是有形价值和无形价值之和。具体到森林资产，有研究认为，森林生态资产的价值包括直接价值和间接价值两部分，其中直接价值是森林生态系统产生的直接的经济价值，包括现存的林木价值和森林每年提供的林下产品价值净现值的总和。间接价值是森林未来预期每年产生的生态系统调节服务价值净现值的总和，包括土壤保持、防风固沙、水源涵养、固碳、释氧、病虫害防治、气候调节等。

从资源经济学的角度看，资源经济价值包括使用价值和非使用价值，使用价值包括直接使用价值和间接使用价值。因此，人们使用森林获得的价值即使用价值，可以认为是森林资源价值源泉。从中国生态文明建设实践看，落实"绿水青山就是金山银山"的发展理念，需要充分认识自然资源资产的价值，并通过生产实践将自然资源资产转化为经济财富。因此，本专题研究认为，国有森林资源核算特别是存量价值核算，应该包括森林资产的直接使用价值和间接使用价值的内容。森林直接使用价值可以通过对林地、林木资源价值评估进行核算；森林间接使用价值即森林提供的生态系统调节服务价值净现值。

（五）方法和数据来源

包括技术标准、统计调查资料、核算研究结果和经济技术参数等依据。

1. 技术规范

①《森林资源资产评估管理暂行规定》（财企〔2006〕529号）；

②《森林资源资产评估技术规范》（LY/Y 2407—2015）；

③《自然资源（资产）评价技术规范》（LY/T 2735—2016）；

④《森林生态系统服务功能评估规范》（GB/T 38582—2020）。

2. 资源调查统计核算数据

① 河北省秦皇岛市 2016 年、2018 年森林资源二类调查数据；

② 河北省秦皇岛市国有林场森林生态系统服务价值评估结果。

3. 经济技术参数

①《资产评估业务手册》；

② 有关询价资料和参考资料；

③ 秦皇岛市造林、营林、采伐等成本数据；

④ 收集的河北省有关经济技术指标；

⑤《北京市建设工程材料预算价格　第五册　苗木》及其他相关资料；

⑥ 其他森林资源价值评估文献资料。

二、核算工作目的及核算范围

为做好秦皇岛市国有林场森林资源资产价值化试点工作，根据中国森林资源核算基本原理，以森林资源资产存量核算理论为指导，在秦皇岛市国有林场森林资源调查结果和国有林场森林生态系统服务核算结果的基础上，在秦皇岛市国有林场层面开展森林资源资产实物量和价值量核算工作。

（一）核算目标

核算的主要目标是摸清秦皇岛市国有林场森林资源资产家底，包括实物量和价值量，编制秦皇岛市国有森林资源资产负债表，探索在市域层面形成可复制、可推广的国有森林资源资产核算技术方法体系。

（二）核算内容

秦皇岛市国有林场森林资源资产核算是在秦皇岛市森林资源二类调查、森林资源核算专项调查和国有林场森林生态系统服务核算的基础上，对秦皇岛市国有林场的林地资源和林木资源进行实物量和价值量核算，对秦皇岛市国有林场森林资源资产间接使用价值进行评估，编制国有林场森林资源资产负债表，为国有森林资源资产报告提供支撑。

（三）核算对象和范围

秦皇岛市国有林场森林资源资产核算试点核算对象是秦皇岛市 7 个国有林场管辖范围内的林地林木资源以及国有林场森林资源森林生态系统调节服务。

林地：包括郁闭度 0.2 以上的乔木林地以及疏林地、灌木林地、未成林造林地、苗圃地、无立木林地、宜林地。

林木：指生长于森林和其他土地上的活立木。林木资源的储量称为活立木蓄积量，指一定林地面积上存在着的林木树干部分的总材积。林木包括乔木林、疏林、散生木、四旁树。乔木林按照林种可以分为用材林、防护林、特种用途林和能源林，按照林龄可以分为幼龄林、中龄林、近熟林、成熟林和过熟林。

森林生态系统调节服务：森林生态系统发挥的水源涵养、保育土壤、固碳释氧、净化大气、森林防护等功能。

三、自然地理及森林资源概况

（一）自然地理概况

1. 地理位置

秦皇岛市位于河北省东北部，南临渤海，北依燕山，东接辽宁，西近京津，地处华北、东北两大经济区结合部，居环渤海经济圈中心地带，介于北纬 39° 24′ ~40° 37′ 、东经 118° 33′ ~119° 51′ 之间。

2. 地形地貌

秦皇岛市位于燕山山脉东段丘陵地区与山前平原地带，地势北高南低，形成北部山区—低山丘陵区—山间盆地区—冲积平原区—沿海区的地形特点。北部山区位于秦皇岛市青龙满族自治县境内，海拔在 1000 米以上的山峰有都山、祖山等 4 座。低山丘陵区主要为北部的山间丘陵区，海拔一般在 100~200 米之间，集中分布于卢龙县和抚宁区，该区是秦皇岛市甘薯、旱粮及工矿区。山间盆地区位于秦皇岛市西北和北部区域的抚宁、燕河营和柳江，该区是粮食作物的主产区。冲积平原区，主要在海拔 0~20 米区域，分布在抚宁区和昌黎县。沿海区主要分布在城市四区和昌黎县，该区域是秦皇岛市重要沿海旅游资源区，有山海关、北戴河、南戴河等独特的自然和人文景观，是中国著名的避暑胜地。

3. 气候特点

秦皇岛市的气候类型属于暖温带，地处半湿润区，属于温带大陆性季风气候。因受海洋影响较大，气候比较温和，春季少雨干燥，夏季温热无酷暑，秋季凉爽多晴天，冬季漫长无严寒。辖区内地势多变，但气候影响不大。全市各地年降水量在650~700毫米，比处于同一纬度的西北地区多2倍，比华北地区南部也多近200毫米，是水资源较丰富的区域，降水主要集中在7月和8月。年平均气温10℃左右，最冷月一般出现在1月，最热月一般出现在7月，气温的年变化有冬暖夏凉的特点。

4. 植被特点

秦皇岛市山区属燕山山脉东段，植被完好，有广阔林区。植被属华北植物区系（半旱生森林灌木草原草甸植被区系），除深山区外，已无原生植被，保存主要树种有油松、华北落叶松、侧柏、栎树、山杨等20余种。秦皇岛市的地带性植被类型为暖温带落叶阔叶林，并有温性针叶林分布。落叶阔叶林树种以落叶栎类为主。在山谷比较湿润的地带有椴属、桦属、白蜡属、核桃楸、槭类、杨属、柳属等组成的落叶杂木林。灌木层和林下草本种类丰富。山葡萄、五味子以及猕猴桃属植物为层间层。

（二）森林资源概况

1. 整体森林资源概况

秦皇岛市山区属燕山山脉东段，山区植被完好，有广阔林区，全市境内植物共138科1323种，具有资源意义的植物在1000种以上。截至2019年，全市有林地面积达到39.67万公顷，森林覆盖率初步测算达到51%，在全省列第二位，高于全国平均水平。全市共有都山、祖山、山海关、海滨、渤海、平市庄、团林7个国有林场，共有林业职工458人。2019年，国有林场总经营面积为35005.63公顷，其中森林面积为23103.96公顷，活立木蓄积量超过118万立方米。国有林场整体森林资源丰富，树种较多，具有良好的长势及保存情况。

2. 国有林场森林资源概况

团林林场林地面积为14101.05公顷，活立木蓄积量为160643.19立方米。该林场以护路林、护岸林、水土保护林等防护林类为主要林种，间有用材林、特用林等林种，以刺槐、杨树、柳树为优势树种，林分起源全部为人工林，近、成、过熟林占据九成以上，中龄林占一成左右，幼龄林仅占较小部分。

祖山林场位于秦皇岛市北部山地，林场规模较大，其中包括祖山风景区，林地面积为6655.24公顷，活立木蓄积量为291561.94立方米，林场以防护林为主，优势树种较为复杂，有栎类、油松、榆树等，林分起源以天然林为主，间有小部分人工林，幼龄林占据六成左右，中龄林占三成，近、成、过熟林占极小部分。

山海关林场位于秦皇岛市东北沿海，具有独特的地理位置和文化底蕴，林地面积为5191.70公顷，活立木蓄积量为150186.19立方米，该林场含有防护林、能源林和用材林，阔叶树以栎类、刺槐等为优势树种，针叶树以油松、侧柏为优势树种，林分起源天然林与人工林各占一半，从林分的年龄结构来看，幼龄林，中龄林，近、成、过熟林各占1/3左右。

都山林场位于秦皇岛市西北，距离市区较远，林地面积为4575.15公顷，活立木蓄积量为369118.25立方米，该林场全部为防护林，以栎类、油松为优势树种，林分起源以天然林为主，间有小部分人工林，幼龄林占据绝大部分，仅见有小部分中龄林和近、成、过熟林。

平市庄林场位于秦皇岛市西部，距离市区较近，规模较小，林地面积为2323.29公顷，活立木蓄积量为72045.37立方米，该林场全部为防护林，优势树种为柞树、油松，间有杨树、刺槐，林分起源以天然林为主，部分为人工林，幼龄林占四成左右，中龄林占四成，近、成、过熟林占二成。

渤海林场位于秦皇岛市东部沿海，基础设施资源较为丰富，林地面积为1106.02公顷，活立木蓄积量为42570.35立方米，该林场以护岸、护路等防护林为主，有部分用材林和风景特用林，优势树种为油松、杨树，林分起源全部为人工林，林场绝大部分为近、成、过熟林，仅有小部分幼龄林、中龄林。

海滨林场位于秦皇岛市北戴河区沿海，其中包括一个动物园，距离市区较近，虽规模较小但拥有良好的资源和交通，林地面积为1053.18公顷，活立木蓄积量为108368.57立方米，该林场林种丰富，包括防护林、用材林、特用林，优势树种也极为复杂，有杨树、刺槐等，林分起源全部为人工林，林场绝大部分为近、成、过熟林，仅有小部分幼龄林、中龄林。

四、核算方法体系的建立

本专题研究采用的核算方法体系以中国森林资源核算研究项目组的森林资

源核算理论框架为研究基础。借鉴联合国综合环境经济核算中心框架（SEEA-2012）中林地、林木价值核算账户及估价方法，结合国际国内最新研究成果，在专题研究中创新性地探索将森林资源资产的间接使用价值纳入森林资源资产存量核算。在森林资源资产价值估价方法上采用了《森林资源资产评估技术规范（2015）》《自然资源（资产）评价技术规范》中的成熟估价方法，在数据的可获得性方面与中国森林资源清查、森林资源规划设计调查等已有的统计调查体系相衔接。森林资源资产间接使用价值采用了森林生态系统调节服务价值的净现值估价方法。

探索一条可复制、可推广的国有森林资源资产价值化的基本技术方法体系也是本专题研究的基本目标之一。

（一）价值评估方法原则

价值量核算与实物量核算相对应，采用资产估价方法，把林地林木资产实物量转换成价值量，反映森林资源资产的直接使用价值，以森林生态系统调节服务价值的净现值反映森林资源资产的间接使用价值。

一般意义上，资产的直接使用价值是指资产在市场上公开公平交易反映出的市场价格。但是由于国有林地、林木资源资产受到用途管制，交易方式受到限制，资产不能完全直接公开在市场上交易，资产的市场价格并不能完全反映森林资源资产的价值。

森林资源资产的间接使用价值可以衡量森林资源对人类社会福利的贡献，而这部分价值往往很难通过市场交易反映出来。目前，国际上影响较大的有碳市场等生态产品的市场交易，来反映森林生态系统服务流量的价值。森林资源资产的间接使用价值源于森林生态系统调节服务，而森林生态系统的支持服务、供给服务和文化服务不在间接使用价值核算范围之内。

（二）林地林木价值核算方法

从具体操作层面，森林资源资产价值核算以林业生产经营的实际调查统计数据为基础；遵循价值评估方法选择与数据可获得一致性原则。

1. 林地价值核算

林地是林木生长的基础，其价值是通过生产木材和其他林产品及服务来实现的，林地资产的评估实质上是对林地使用权价格的确定。由于林地的价值与林地上的附着物有着直接关系，林地租金的支付方式也千差万别，林地未来经营用途也因自然条件和经济环境差异而有所不同，因此，在确定林地价值核算方法时，应根据林地的实际情况，考虑相关经济行为及核算目的对林地价值类型的影响，选用恰当的方法。

林地价值核算方法主要有市场成交价比较法、林地期望价法、年金资本化法、林地费用价法。

（1）市场成交价比较法

市场成交价比较法是以具有相同或类似条件林地的现行市价作为比较基础，估算林地评估值的方法。其计算公式为：

$$E = \frac{S}{N}\sum_{i=1}^{N} K_i \cdot K_{bi} \cdot G_i$$

式中：E 为评估值；S 为拟评估林地面积；K_i 为林地质量调整系数；K_{bi} 为物价指数调整系数；G_i 为参照案例的单位面积林地交易价格；N 为参照交易案例个数。

（2）林地期望价法

林地期望价法以实行永续皆伐为前提，并假定每个轮伐期（M）林地上的收益相同，支出也相同，从无林地造林开始进行计算，将无穷多个轮伐期的纯收入全部折为现值累加求和作为被评估林地资产的评估值。其计算公式为：

$$B_u = \frac{A_u + D_a(1+P)^{u-a} + D_b(1+P)^{u-b} + \cdots - \sum_{i=1}^{n} C_i \cdot (1+p)^{u-i+1}}{(1+P)^u - 1} - \frac{V}{P}$$

式中：B_u 为林地评估值；A_u 为现实林分 u 年主伐时的纯收入（指木材销售收入扣除采运成本、销售费用、管理费用、财务费用、有关税费以及木材经营的合理利润后的部分）；D_a、D_b 为分别为第 a 年、第 b 年间伐的纯收入；C_i 为各年度营林直接投资；V 为平均营林生产间接费用（包括森林保护费、营林设施费、良种实验费、调查设计费以及其生产单位管理费、场部管理费和财务费用等）；P 为投资收益率；n 为轮伐期的年数。

（3）年金资本化法

年金资本化法是以林地每年稳定的收益（地租）作为投资资本的收益，再按适当的投资收益率求出林地资产价值的方法。其计算公式为：

$$E = \frac{A}{P}$$

式中：A 为年平均地租；P 为投资收益率，一般取 2.5%。

（4）林地费用价法

林地费用价法用取得林地所需要的费用和把林地维持到现在状态所需的费用来确定林地价格的方法，其计算公式为：

$$B_u = A(1+p)^n + \sum_{i=1}^{n} M_i (1+p)^{n-i+1}$$

式中：A 为林地购置费；M_i 为林地购置后，第 i 年林地改良费；n 为林地购置年限；P 为投资收益率。

在林地估价中，SEEA–2012 推荐市场价格法或净现值法。根据实际调查数据结果来看，秦皇岛市林地交易市场并不完善，不多的交易价格案例没有代表性，只能作为参考。同时，在结合已有数据的基础上，排除了市场成交价比较法、林地期望价法和林地费用价法，最终采用了年金资本化法评估秦皇岛林地价值。这一方法与 SEEA–2012 中建议的净现值法（NPV）原理一致，同时考虑了秦皇岛市的具体情况，具有较强的科学意义。

国际和国内土地价值评估中通常采用 2%~3% 的投资收益率。由于林地经营周期长，投资回报期较长，投资收益率远低于社会平均收益率，即 2.5% 的投资收益率。

2. 林木价值核算

在林木估价中，SEEA–2012 推荐的方法包括立木价格法、消费价值法和净现值法。立木价格法、消费价值法需要立木价格以及不同林龄的单位面积蓄积量等数据，净现值法需要营林成本、采伐收入和折现率、经营期等数据。采用收益现值法评估幼龄林会产生幼龄林距离采伐收获时间长、折现期长而导致估计采伐时的蓄积量不准确、评估价值不准确的问题。自天然林停止商业性采伐后，我国大部分地区包括秦皇岛市在内，林木交易市场不完善，较少案例（往往是人工林）的平均价格不具有代表性，因此幼龄林、中龄林在估价方法的选择上排除了收益现值法和立木价格法。最终，以我国林业行业目前使用的《森林资源资产评估技术规范（2015）》为依据，综合考虑价值评估方法选择和数据可获得性相一致原则，本专题研究幼龄林、中龄林价值的评估采用了重置成本法，近熟林、成熟林和过熟林价值的评估采用市场倒算法。其中，市场倒算法的基本原则与SEEA–2012 推荐的立木价格法保持一致。

（1）幼中龄林

幼龄林核算采用重置成本法，公式为：

$$V_n = K\sum_{i=1}^{n} C_i\ (1+P)^{n-i+1}$$

式中：V_n 为第 n 年林龄的林木价值；C_i 为第 i 年的以现行工价及生产水平为标准的生产成本；K 为林分质量调整系数，以株数保存率（r）与树高两项指标确定调整 K_1 和 K_2。当 $r>85\%$ 时，$K_1=1$；当 $r\leqslant 85\%$时，$K_1=r$。K_2 为现实林分平均树高 / 参照林分平均树高。$K=K_1*K_2$；P 为投资收益率，取 5%。

（2）近成过熟林

成过熟林价值评估采用市场倒算法，用被评估林木采伐后取得的木材市场销售总收入，扣除木材经营所消耗的成本（含有关税费）及应得的利润后，剩余部分作为林木资产评估价值的林木价值。公式为：

$$V = W - C - F$$

式中：V 为成过熟林林木价值；W 为木材销售总收入；C 为木材生产经营成本（包括采运成本、有关税费）；F 为木材生产经营利润。

（3）经济林

初产期即经济林从造林到刚开始有产品产出的时期，包括新造的经济林、产前期和始产期的经济林，是经济林的幼龄阶段，其核算选用重置成本法，公式为：

$$E_n = K\sum_{i=1}^{n} C_i\ (1+P)^{n-i+1}$$

式中：E_n 为第 n 年的经济林资产评估值；K 为林分质量调整系数，按现实林分平均高、冠幅、株数与同龄参照林分平均高、冠幅、株数的比值来确定；C_i 为第 i 年以现时工价及生产经营水平为标准计算的生产成本，主要包括第 i 年度投入的工资、物质消耗和地租等；n 为经济林年龄；P 为投资收益率。

盛产期是经济林资产的产品产量最高、收益多而稳定的时期，其核算采用收益净现值法。经济林未来经营期内的净收益折现累积求和。公式为：

$$V_n = A\frac{(1+P)^{u-n}-1}{P(1+P)^{u-n}}$$

式中：V_n 为经济林评估价值；A 为盛产期内年净收益；$u-n$ 为盛产期年限；P 为投资收益率，一般取 6%。

（三）森林资源资产间接使用价值核算

森林资源资产间接使用价值是森林生态系统每年为人类提供的调节服务价值的净现值，如水源涵养、保育土壤、固碳释氧、净化大气、森林防护等。通过净现值法，将森林未来预期每年产生的生态系统服务价值折算成现值，公式为：

$$FIV = \sum_{i=1}^{m}\frac{F_i}{r}$$

式中：FIV 为森林资源资产间接使用价值（元）；F_i 为第 i 项森林生态系统服务的价值（元/年）；r 为贴现率；m 为森林生态系统服务类型的数量。r 取值 2.5%。

在间接使用价值核算中，使用了森林生态系统调节服务内容（水源涵养、保育土壤、释氧、净化大气环境、森林防护）进行核算。间接使用价值核算不包括固碳价值，固碳与林木价值不能同时估值。

（四）森林资源资产负债表

1. 编制原则

（1）可操作性原则

自然资源资产负债表包括森林资源资产负债表的概念，在学术界有许多不同的认识，许多概念仍未达成一致。目前实践中运用较多的是国家统计局负责制定的《自然资源资产负债表编制制度（试行）》中的规定。本专题研究，在结合秦皇岛市森林资源特点的基础上，对核算账户进行完善。

（2）重要性原则

编制森林资源资产负债表的目的是揭示森林资源资产的“家底”，本质是自然资源本身的属性，而经济价值是实物量的经济属性反映。由于森林资源本身估价标准选择和经济数据可得性困难，导致经济价值存在不确定性。因此，本专题研究编制的森林资源资产负债表只对林地、林木实物量及变动进行衡量。

2. 核算表式

林木资源资产账户分为林木资源期末（期初）存量及变动表和森林资源质量及变动表（表 6–1、表 6–2）。

表 6–1 林木资源期末（期初）存量及变动表

填报单位： 计量单位：公顷、立方米

指标名称	代码	森林									其他林木
		合计	乔木林						特殊灌木林		
			合计		天然		人工		天然	人工	
		面积	面积	蓄积量	面积	蓄积量	面积	蓄积量	面积		蓄积量
甲	乙	1	2	3	4	5	6	7	8	9	10
期初存量	01										
存量增加	02										
存量减少	03										
期末存量	04										

补充资料：林地总面积 ________ 公顷。

单位负责人： 填表人： 联系电话： 报出日期：20 年 月 日

说明：1. 本表反映地方森林资源监测期末（期初）林木资源的存量及其变化情况。

2. 本表指标一律取整数。

3. 表中数据来源于林业和草原部门。

4. 审核关系：①森林面积（1）= 乔木林面积（2）+ 竹林面积（8、9）+ 特殊灌木林面积（10、11）

②乔木林面积（2）= 天然乔木林面积（4）+ 人工乔木林面积（6）

③乔木林蓄积量（3）= 天然乔木林蓄积量（5）+ 人工乔木林蓄积量（7）

④期末存量（04）= 期初存量（01）+ 存量增加（02）– 存量减少（03）

表 6–2 森林资源期末（期初）质量及变动表

填报单位： 计量单位：立方米 / 公顷

指标名称	代码	乔木林 单位面积蓄积量	天然乔木林 单位面积蓄积量	人工乔木林 单位面积蓄积量
甲	乙	1	2	3
期初水平	01			
期内变动	02			
期末水平	03			

单位负责人： 填表人： 联系电话： 报出日期：20 年 月 日

说明：1. 表中数据来源于林业和草原部门。

2. 表中数据保留 1 位小数。

3. 审核关系：期末水平（03）= 期初水平（01）+ 期内变动（02）。

五、数据及材料收集

（一）资料来源

研究资料来源于河北省秦皇岛市 2016 年二类调查数据及更新到 2018 年的森

林资源档案数据、当地相关的技术经济指标，以及通过调查走访和已在林场登记在册的数据和经济资料。

（二）核算评估对象

本次核算主要评估对象是河北省秦皇岛市国有林场的林地与林木资源。对于林地资源评估，先将林地类型分为8类，分别为有林地、疏林地、灌木林地、未成林地、苗圃地、无立木林地、宜林地、林业辅助用地；再根据林种，将有林地分为用材林地、防护林地、特用林地、能源林地、经济林地，然后对它们的林地价值进行评估。对于林木资源评估，先按照起源分为天然林和人工林，然后根据优势树种（组）、林种、龄组进行分类，进行资产评估。

（三）核算技术经济参数

本次价值核算收集的数据是河北省秦皇岛市具体林产品的相关价格、木材价格、采运成本、造林和营林成本等相关数据，以及当地有关的经济参数，为了更好的收集数据以便于后期核算工作的开展，采用实地调查、走访和资料查阅等方式进行收集。

1. 林地年租金调查

林地年租金是指林地流转中各类年租金（市场价）的价格，不包括地上覆盖物的使用价格，林地使用权价格是指林地的经营主体应该支付的成本，也就是地租。有关林地，经济林地的年租金价格由林场实际发生的林地流转或租赁价格经推算和调整得出。

2. 营林成本调查

造林成本与年管护成本都是按照秦皇岛市国有林场2016年进行的森林经理调查（二类调查）的优势树种为主，按照地理位置、主要优势树种及各项经济指标的相似度，将团林、海滨、渤海、山海关四个林场划为一组，将祖山、平市庄、都山3个林场划为一组，对两组分别研究营林成本，对于没有调查数据的优势树种（组）则以用经济价值相似树种的数据推算。

（1）造林成本

造林成本是指从计划造林到林分郁闭前期间发生的营林成本。以各林场提供的实际数据为参考。

（2）年管护成本

年管护成本是指每年产生的森林保护费和每年平均分摊的营林制造费用。包括有害生物防治费用、防火费用、管护费用等。以各林场提供的实际数据为参考。

3. 木材综合调查

下面所指出的单位蓄积量是指用材林在纯林主伐时林分的平均蓄积量；综合出材率是指用材林在主伐时纯立木的出材率，其中又包括了非规格材、规格材和薪炭材，然后参考各类树种的出材率表。木材价格是指树种的规格材、非规格材、薪材的平均市场价。采运成本是指从立木采伐开始至木材运到产品交货地点（归楞场）的成本，包括伐区成本、运输成本和贮木场成本，各段成本包括直接费用和间接费用。木材销售服务费用：指采伐设计费等。木材生产经营利润：木材生产段的合理利润，一般按照木材生产成本比例计算。将数据收集的过程中数据质量的控制是必不可少的，不仅要保证收集与调查的相关资料是否完整，还要保证所有的调查范围已经涉及，以及确保数据所属日期的准确性，来保证调查数据的完整性和真实性。在提供相关的森林资源林产品的价格、成本、税费时，对数据进行技术性处理，指派专业人士进行处理，保证内容的真实性，以防出现技术性的错误。

在资源资产评估中调整系数的确定对于评估的结果有很大的影响。林木分为规格材和非规格材，因为不同的影响因子，木材的市场交易价格也会有所差异，即使它们的经营方式相同，也可能会因为胸径、树高、人为因素、地理环境的变化而产生影响。因此在评估时，需要一个林分的调整系数 K，把评估的林分价格与参照林分的价格联系在一起，从而对结果进行调整。本次核算对幼龄林、中龄林林木的资产评估采用了重置成本法，所以涉及到 K 值的运用。

（四）其他核算参数

1. 幼龄林 K 值

在幼龄林的林木资产评估中，影响林分质量最重要的因子是立地质量、生长条件和地形因子，林分主要指标包括树高、胸径、单位面积和单位蓄积量等，而在幼龄林中对评估影响最大的是平均树高和保存株数。

（1）株数调整系数 K_1 的确定

根据我国现行标准规定：当保存率≥ 85% 时，K_1=1 ；当保存率＜ 85%时，K_1= 保存率；若保存率低于 40%，则造林失败，必须重造。在本次计算中，秦皇岛市的林木造林成活率均大于 85%，取 K_1=1。

（2）树高调整系数 K_2 的确定

参照林分的标准平均树高是确定合适调整系数的关键，实际情况往往由于林分参差不齐，立地质量千差万别，抚育措施也不相同。把所有样地按林龄的树高平均值作为参照林分平均值，每个树种的树高与林分平均值之比即为树高调整系数 K_2。

2. 中龄林 K 值

在中龄林的林木资产评估中，影响林分质量最重要的两个因子是单位面积和蓄积量。它们可直接影响出材量，因此确定单位面积蓄积量调整系数是非常重要的，影响林分标准的还有平均胸径、树高、保存株数、蓄积量等。结合相应的树种，求出单位面积蓄积量，可确定中龄林的调整系数 K。

六、森林资源实物价值核算结果

（一）核算技术路线（图 6–1）

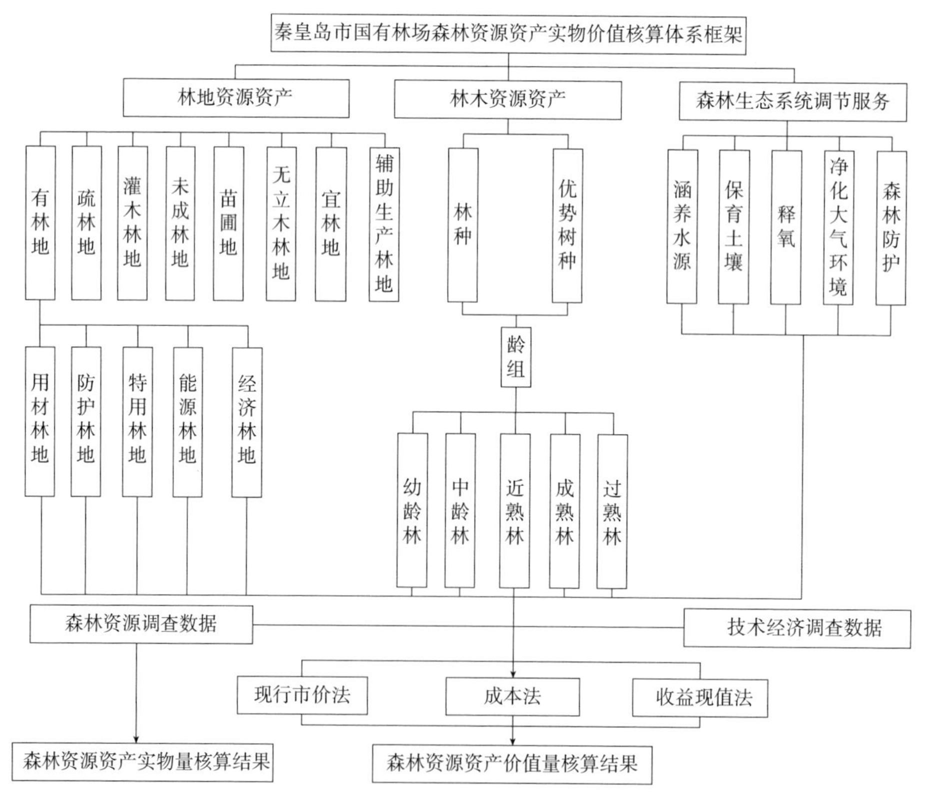

图 6–1　秦皇岛市森林资源资产核算技术路线

（二）林地资源清单

秦皇岛市国有林场林地资源实物量存量为35005.63公顷。有林地的面积最大，为20363.41公顷；其次是林业辅助用地，实物量为11901.67公顷；苗圃地与灌木林地面积分别为33.79公顷、1013.84公顷；疏林地的林地面积为33.14公顷；宜林地面积为746.83公顷，未成林造林地面积为912.95公顷。详细数据见表6–3。

表6–3 秦皇岛市国有林场林地实物量存量核算 单位：公顷

项目	面积
1. 有林地和疏林地	20396.55
（1）有林地	20363.41
用材林	220.6
防护林	13166.44
特用林	6851.6
薪炭林	89.86
经济林	34.91
（2）疏林地	33.14
2. 其他林地	14609.08
灌木林地	1013.84
未成林造林地	912.95
苗圃地	33.79
宜林地	746.83
林业辅助用地	11901.67
合计	35005.63

（三）林木资源清单

秦皇岛市国有林场林木资源资产存量1193613.39立方米，其中幼龄林为342855.96立方米，中龄林为461824.66立方米，近、成、过熟林为388932.77立方米。按林种计算，林木蓄积量最大的是防护林，为700494.28立方米；特用林林木存量次之，林木实物量为481496.76立方米；然后是用材林，为10392.17立方米；能源林林木蓄积量为1230.18立方米，详细数据见表6–4。

表 6-4　秦皇岛市国有林场林木实物蓄积量核算　　单位：立方米

项目	幼龄林	中龄林	近、成、过熟林	合计
用材林	2985.07	4020.87	3386.24	10392.17
能源林	1230.18	0.00	0.00	1230.18
防护林	201211.41	271030.42	228252.45	700494.28
特用林	138306.12	186297.41	156893.24	481496.76
合计	342855.96	461824.66	388932.77	1193613.39

（四）林地资源价值核算

利用秦皇岛市国有林场更新的森林资源二类调查数据，对林地资源进行了分类汇总，同时分别对各林场林地资源情况进行了统计；将秦皇岛市按照国有林场区划分为一级核算单元；在每个一级核算单元中，按照二级林地类型划分成 7 个二级核算单元，本次核算中的林地类型是指有林地、疏林地、灌木地、未成林地、苗圃地、宜林地、辅助生产林地；在每个二级单元中，再按照林种分用材林、经济林、能源林、防护林、特用林划分三级核算单元；在每个三级核算单元中，按照起源分天然林和人工林划分第四级核算单元；设计秦皇岛市国有林场林地租金和林地流转情况调查表，进行林地资源价值核算指标的调查，通过调查收集的各林场林地质量、林地类型、流转方式和价格等原始资料采用加权和推算等方法制定出了林地价值核算标准，汇总分析得到各核算单元的年平均地租，依据林地资源价值核算公式（年金资本化法）测算出各核算单元林地资源价值量；各林场内各核算单元的林地价值量累加后为各林场林地核算价值量，7 个国有林场级核算单元林地价值量之和即为秦皇岛市林地总价值量。

秦皇岛市国有林场林地价值核算结果为：林地总价值量为 6.32 亿元。山海关林场林地面积为 5191.70 公顷，价值 1.39 亿元，海滨林场林地面积为 1053.18 公顷，价值 0.32 亿元，团林林场林地面积为 14101.05 公顷，价值 3.10 亿元，渤海林场林地面积为 1106.02 公顷，价值 0.16 亿元，都山林场林地面积为 4575.15 公顷，价值 0.46 亿元，平市庄林场林地面积为 2323.29 公顷，价值 0.23 亿元，祖山林场林地面积为 6655.24 公顷，价值 0.67 亿元（表 6-5、图 6-2）。

表 6-5 秦皇岛市国有林场林地价值存量核算 单位：公顷、亿元

林场	面积	价值
山海关林场	5191.70	1.39
海滨林场	1053.18	0.32
团林林场	14101.05	3.10
渤海林场	1106.02	0.16
都山林场	4575.15	0.46
平市庄林场	2323.29	0.23
祖山林场	6655.24	0.67
总计	35005.63	6.32

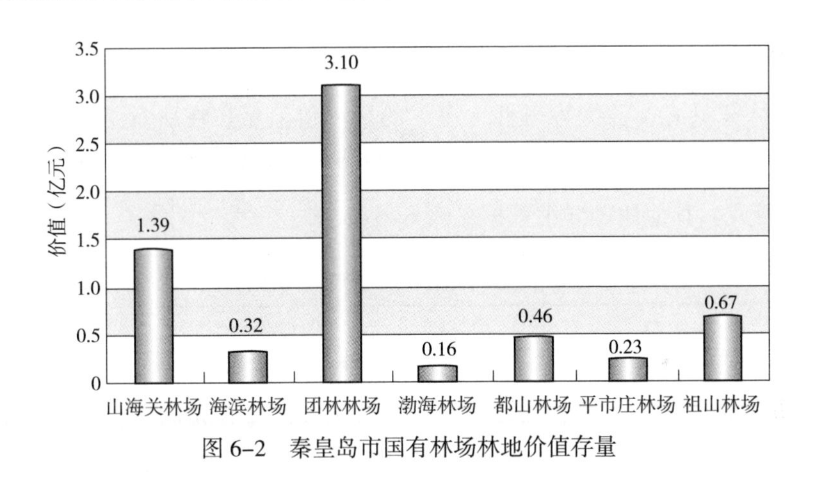

图 6-2 秦皇岛市国有林场林地价值存量

（五）林木价值核算结果

利用秦皇岛市国有林场更新的森林资源二类调查数据，对林木资源进行了分类统计汇总，将秦皇岛市按照国有林场区划分为一级核算单元；在每个一级核算单元中，按照起源分天然林和人工林划分二级核算单元；在每个二级单元中，再按照林种分为用材林、经济林、能源林、防护林、特用林划分三级核算单元，在每个三级核算单元中，按照优势树种组划分成 24 个四级核算单元；在每个四级单元中，再按照龄组幼龄林、中龄林、近熟林、成熟林、过熟林划分为五级核算单元，设计秦皇岛市国有林场优势树种（组）的造林和年管护成本、木材价格和采运成本以及经济林综合调查表，进行林木资源价值核算参数指标的调查（包括：未成林造林成本、造林调查、设计费、整地费、苗木费、植苗费、补植费、

未成林抚育费、年管护成本、病虫害防治费、防火费、林木管护费等）和木材综合调查（包括间伐成本、间伐总收益、主伐单位面积蓄积量、木材综合出材率、木材价格、采运成本、木材销售服务费用、木材生产经营利润），汇总分析得到各核算单元的林木价值核算参数指标，依据林木资源价值核算方法，即幼中龄林采用重置成本法、近成过熟林采用市场价格倒算法，测算出各核算单元林木资源价值量；各林场内各核算单元的林木价值量累加后为各林场林木核算价值量，7个国有林场级核算单元林木价值量之和即为秦皇岛市林木总价值量。

1. 分树种、龄组林木价值核算结果

根据秦皇岛市国有林场森林资源二类调查数据和林木价值核算结果，将7个林场的林木价值按照树种和龄组进行分类汇总，其中林木种类分为24种，龄组分为幼龄林、中龄林和近成过熟林，结果如表6–6与图6–3，可知河北省秦皇岛市森林资源清查各优势树种（组）的林木价值量。在所有7个林场中优势树种共有24种，其中柞树的面积最大为9497.10公顷，且柞树的评估值最高为63619.77万元。其他树种详细数据见表6–6。

表6–6 森林资源清查林木价值核算 单位：公顷、万元

优势树种	幼龄林		中龄林		近成过熟林		合计	
	面积	评估价值	面积	评估价值	面积	评估价值	面积	评估价值
白桦	273.80	1486.51	544.40	5087.71	0.00	0.00	818.20	6574.22
白蜡	98.50	657.67	0.00	0.00	0.00	0.00	98.50	657.67
板栗	0.40	2.10	0.00	0.00	0.00	0.00	0.40	2.10
侧柏	32.70	737.00	0.00	0.00	0.00	0.00	32.70	737.00
刺槐	12.70	240.86	34.80	938.02	2,184.70	3875.32	2,232.10	5054.20
椴树	716.60	4422.79	92.30	1064.08	0.00	0.00	808.90	5486.87
鹅耳枥	688.40	4622.70	392.00	4600.68	0.00	0.00	1,080.40	9223.38
复叶槭	0.00	0.00	39.90	572.96	0.00	0.00	39.90	572.96
国槐	3.30	63.69	0.00	0.00	0.00	0.00	3.30	63.69
核桃楸	0.70	4.05	29.70	282.63	0.00	0.00	30.40	286.68
阔叶混	13.20	231.41	37.40	615.97	17.70	37.82	68.30	885.20
柳树	31.70	211.90	32.60	328.19	1.00	1.33	65.40	541.42
落叶松	2.60	22.54	23.20	392.78	1.70	2.30	27.50	417.61

（续）

优势树种	幼龄林		中龄林		近成过熟林		合计	
	面积	评估价值	面积	评估价值	面积	评估价值	面积	评估价值
慢生杨	75.30	502.72	63.50	638.96	713.20	3414.91	852.10	4556.59
山杨	99.00	536.81	0.00	0.00	0.00	0.00	99.00	536.81
速生杨	158.20	1056.18	597.40	6012.32	212.80	208.62	968.40	7277.11
五角枫	2.60	28.74	0.00	0.00	0.00	0.00	2.60	28.74
悬铃木	11.90	93.62	1.10	12.38	0.00	0.00	12.90	106.00
硬阔	272.30	1817.80	0.00	0.00	0.00	0.00	272.30	1817.80
油松	79.10	1319.92	1990.30	53451.81	1067.90	1819.90	3137.30	56591.63
榆树	6.50	34.96	0.00	0.00	0.00	0.00	6.50	34.96
园林树	1.60	17.21	3.30	50.40	0.00	0.00	4.90	67.61
柞树	9022.90	59187.78	474.20	4431.99	0.00	0.00	9497.10	63619.77
针阔混	19.70	171.15	16.30	268.29	0.00	0.00	36.00	439.44

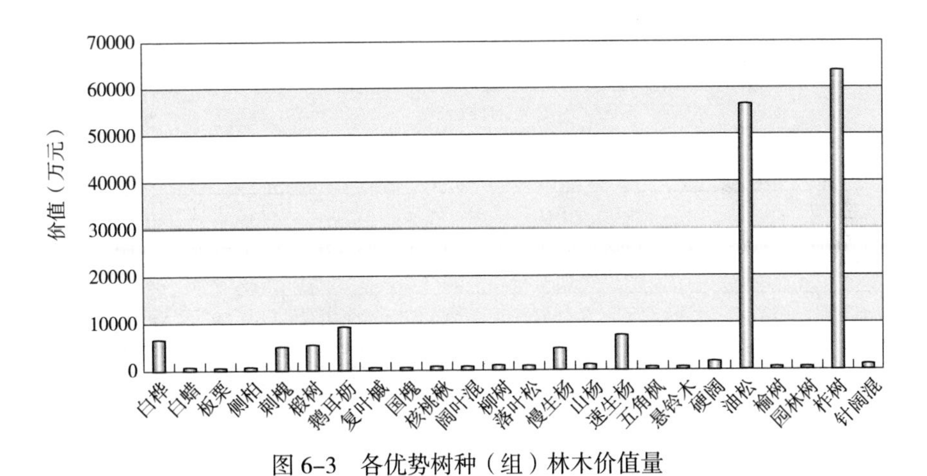

图 6-3　各优势树种（组）林木价值量

2. 分林种林木价值核算结果

根据秦皇岛市国有林场森林资源二类调查数据和林木价值核算结果，将 7 个林场的林木价值按照林种进行分类汇总，以得到秦皇岛市国有林场不同林种的林木资源价值情况，结果见表 6-7。秦皇岛市国有林场林木价值量最大的是防护林，为 107425.21 万元，其次是特用林，价值量为 55902.32 万元，然后是用材林，其林木价值量为 1623.33 万元，能源林的价值量最小，为 628.61 万元。

表 6-7　森林资源清查各林种林木价值总量　　单位：公顷、万元

林种	天然林		人工林		合计	
	面积	评估值	面积	评估值	面积	评估值
用材林	3.36	24.23	217.24	1599.10	220.60	1623.33
能源林	89.90	628.61	0.00	0.00	89.90	628.61
防护林	9451.53	77115.20	3714.91	30310.01	13166.44	107425.21
特用林	4482.74	36574.75	2368.86	19327.57	6851.60	55902.32

3. 各林场林木价值总量结果

在本次林木调查核算过程中一共调查了 7 个林场，其中面积最大的为祖山林场，面积为 6151.08 公顷，面积最小的林场是渤海林场，其面积为 407.11 公顷。各林场中林木价值量最大的为祖山林场，其评估价值量为 54427.06 万元，其次为山海关林场，评估价值量为 37600.58 万元。各林场中的林木主要为幼龄林及中龄林，部分林场中有一定量的成熟林。其他林场详细数据见表 6-8。

表 6-8　森林资源清查各林场林木价值总量　　单位：公顷、万元

林场	幼龄林		中龄林		近成过熟林		合计	
	面积	评估价值	面积	评估价值	面积	评估值	面积	评估价值
团林林场	228.91	1630.75	760.22	8193.58	2141.68	3458.32	3130.81	13282.65
渤海林场	52.61	746.46	22.50	310.73	332.00	1105.00	407.11	2162.19
平市庄林场	1119.75	6069.74	748.55	12682.88	110.10	271.67	1978.40	19024.29
山海关林场	2036.10	14852.99	651.10	21383.33	742.40	1364.26	3429.60	37600.58
海滨林场	85.70	951.14	142.40	2049.99	542.30	2700.84	770.40	5701.97
都山林场	2491.02	13503.30	1909.97	19637.53	91.18	239.91	4492.17	33380.73
祖山林场	2703.17	14798.39	3098.15	39550.22	349.76	78.46	6151.08	54427.06
总计	8717.26	52552.76	7332.89	103808.25	4309.42	9218.46	20359.57	165579.47

（六）森林资源资产间接使用价值

本核算专题，采用净现值法对森林生态系统每年为人类提供的调节服务价值进行贴现，估算森林资源资产间接使用价值。根据联合国综合环境经济核算体系试验性生态系统核算（SEEA—EEA）和联合国千年生态系统服务评估（MA）的指标确定了秦皇岛市国有林场森林生态系统的调节服务功能指标，包括涵养水

源、保育土壤、释氧、净化大气环境和森林防护。在秦皇岛市国有林场生态系统服务功能评估组的核算基础上，本专题研究整理了秦皇岛市国有林场森林生态系统调节服务价值数据，7 个国有林场森林资源每年提供的调节服务合计 25.04 亿元。各个国有林场森林生态系统调节服务价值如表 6–9 所示。

表 6–9 国有林场森林生态系统调节服务价值 单位：亿元 / 年

林场	涵养水源	保育土壤	释氧	净化大气环境	森林防护	总计
都山林场	2.34	0.43	0.56	0.33	–	3.66
祖山林场	2.93	0.53	0.75	0.51	–	4.72
平市庄林场	1.07	0.18	0.25	0.19	–	1.69
山海关林场	1.88	0.31	0.46	0.38	5.39	8.42
海滨林场	0.38	0.06	0.1	0.07	1.14	1.75
渤海林场	0.21	0.03	0.05	0.04	0.65	0.98
团林林场	1.66	0.24	0.42	0.25	1.25	3.82
总计	10.47	1.78	2.59	1.77	8.43	25.04

采用净现值法，估算国有林场森林生态系统调节服务的净现值，作为国有林场森林资源资产的间接使用价值。秦皇岛市 7 个国有林场森林资源资产间接使用价值是 1001.60 亿元。各个国有林场的森林资源资产间接使用价值如表 6–10 所示。

表 6–10 国有林场森林资源资产间接使用价值 单位：亿元

林场	涵养水源	保育土壤	释氧	净化大气环境	森林防护	总计
都山林场	93.60	17.20	22.40	13.20		146.40
祖山林场	117.20	21.20	30.00	20.40		188.80
平市庄林场	42.80	7.20	10.00	7.60		67.60
山海关林场	75.20	12.40	18.40	15.20	215.60	336.80
海滨林场	15.20	2.40	4.00	2.80	45.60	70.00
渤海林场	8.40	1.20	2.00	1.60	26.00	39.20
团林林场	66.40	9.60	16.80	10.00	50.00	152.80
总计	418.80	71.20	103.60	70.80	337.20	1001.60

（七）核算结果汇总

通过对河北省秦皇岛市的 7 个国有林场森林资源资产核算（林地林木实物价值核算、森林资源资产间接使用价值核算），核算结果汇总如下：

秦皇岛市 7 个国有林场总面积为 35005.70 公顷，林地总价值量为 6.32 亿元，林木总价值量为 16.56 亿元。林地林木总价值 22.88 亿元，森林资源资产间接使用价值 1001.60 亿元，国有林场森林资源资产总价值 1024.48 亿元。各国有林场林地价值、林木价值、间接使用价值、总价值如表 6–11 所示。

表 6–11　国有林场森林资源资产价值　　单位：亿元

林场	林地	林木	间接使用价值	总价值
都山林场	0.46	3.34	146.40	150.20
祖山林场	0.67	5.44	188.80	194.87
平市庄林场	0.23	1.90	67.60	69.73
山海关林场	1.39	3.76	336.80	341.95
海滨林场	0.32	0.57	70.00	70.89
渤海林场	0.16	0.22	39.20	39.58
团林林场	3.10	1.33	152.80	157.26
总计	6.32	16.56	1001.60	1024.48

七、森林资源资产负债表编制结果

（一）森林资源核查技术和方法

1. 森林资源现状核查

此次现状核查以 2016 年度森林资源调查成果数据为基础，使用 2018 年度卫星遥感影像作为本期影像，以 2016 年度卫星遥感影像为前期影像，通过对比分析两期影像，按林班依次进行遥感判读变化区划。同时参考各林场林业经营档案，对变化小班进行判读、区划、解译，并对变化森林资源小班实地逐一进行现地核实验证。变化小班境界划线误差控制在 2 米以内，小班面积误差不超过 1%，小班内异质面积不超过 5%。

2. 各类林分和林木蓄积量核算

蓄积量是鉴定森林质量的主要指标，是林分调查的主要目的之一。基于河北省，尤其秦皇岛市最近四期的森林资源连续清查样地和样木数据资料，建立各主要树种（组）的单木和林分生长率模型，作为森林资源蓄积量指标年度更新测算依据。经实地样地检验，生长率表精度较高，满足林业数表建模要求。

3. 更新森林资源主要指标

在卫星遥感影像判读基础上，对变化小班的判读解译结果进行现地核实，更新核实后变化信息；对未变化小班，利用林分生长预测数量化模型，推算森林蓄积量生长量，获取森林面积、蓄积量的消长变化等数据。通过对内业数据处理及分析，完成7个国有林场森林资源矢量数据汇总、更新。

4. 核算质量控制

为确保森林资源核算质量，对外业变化小班进行抽查，抽查比例不小于10%，重点检查遥感判读和现场调查记录成果，检查数据的准确性和完整性，以保障各个环节成果质量。

（二）森林资源核算主要结果

通过资源核算，截至2018年年底，秦皇岛市国有林场森林面积20438.9公顷，森林覆盖率达58.39%，林木绿化率为61.25%。天然乔木林面积14053.43公顷，人工乔木林面积6341.05公顷（表6–12）。

全市国有林场林木蓄积量达119.48万立方米，天然乔木林单位面积蓄积量为52.35立方米/公顷，人工乔木林单位面积蓄积量为72.23立方米/公顷，乔木林单位面积蓄积量为58.53立方米/公顷（表6–13）。

表6–12 国有林场林木资源期末（期初）存量及变动

单位：公顷、立方米

指标名称	代码	森林									其他林木
		合计	乔木林						特殊灌木林		
			合计		天然		人工		天然	人工	
		面积	面积	蓄积量	面积	蓄积量	面积	蓄积量	面积		蓄积量
甲	乙	1	2	3	4	5	6	7	8	9	10
期初存量	1	21150.6	21105.54	1035727.58	14085.61	625070.49	7019.93	410657.09	0	45.06	906.65
存量增加	2	89.1	89.1	178839.64	3.13	111857.53	85.97	66982.11	0	0	240.56
存量减少	3	800.8	800.16	20953.07	35.31	1299.15	764.85	19653.92	0	0.64	0
期末存量	4	20438.9	20394.48	1193614.15	14053.43	735628.87	6341.05	457985.28	0	44.42	1147.21

表 6–13　国有林场森林资源期末（期初）质量及变动

单位：立方米 / 公顷

指标名称	代码	天然乔木林单位面积蓄积量	人工乔木林单位面积蓄积量	乔木林单位面积蓄积量
甲	乙	1	2	3
期初水平	1	44.38	58.50	49.07
期内变动	2	7.97	13.73	9.45
期末水平	4	52.35	72.23	58.53

参考文献

柏连玉，2016. 森林资源资产负债表基本概念探析 [J]. 绿色财会（12）：3–10.

戴广翠，黄东，高岚，等，2007. 从森林环境经济核算看林业对国民经济的贡献——《联合国粮农组织林业环境与经济核算指南》案例研究 [J]. 绿色中国，000（008）：29–36.

戴广翠，张志涛 . 林业自然资源资产负债表编制研究报告 . 张建龙 . 生态建设与改革发展 –2014 年林业重大问题调查研究报告 [M]. 北京：中国林业出版社，2015.

房林娜，王清文，罗丹，等，2015. 贵州省林业自然资源资产负债表（实物量表）编制工作探索——以贵阳市白云区试点工作为例 [J]. 中国集体经济（16）：150–151.

封志明，杨艳昭，陈玥，2015. 国家资产负债表研究进展及其对自然资源资产负债表编制的启示 [J]. 资源科学，37（09）：1685–1691.

高敏雪 ，王金南，2004. 中国环境经济核算体系的初步设计 [J]. 环境经济（09）：27–33.

高敏雪，2016. 扩展的自然资源核算——以自然资源资产负债表为重点 [J]. 统计研究，33（01）：4–12.

耿建新，胡天雨，刘祝君，2015. 我国国家资产负债表与自然资源资产负债表的编制与运用初探——以 SNA 2008 和 SEEA 2012 为线索的分析 [J]. 会计研究（01）：15–24+96.

孔繁文，1993. 试论森林环境资源核算 [J]. 生态经济（03）：11–15.

孔繁文，何乃蕙，高岚，1990. 中国森林资源价值的初步核算 [J]. 数量经济技术经济研究（11）：56–64.

李金华，2008. 中国国民经济核算体系的扩展与延伸——来自联合国三大核算体系比较研究的启示 [J]. 经济研究（03）：125–137.

李金华，2009. 中国环境经济核算体系范式的设计与阐释 [J]. 中国社会科学（01）：84–98+206.

李文华，2008. 生态系统服务功能价值评估的理论、方法与应用 [M]. 北京：中国人民大学出版社 .

李忠魁，陈绍志，张德成，等，2016. 对我国森林资源价值核算的评述与建议 [J]. 林业资源管理（01）：9–13.

联合国，2012. 2008 年国民账户体系 [M]. 北京：中国统计出版社 .

联合国，等，1995. 国民经济核算体系—1993[M]. 北京：中国统计出版社 .

联合国，等，2005. 综合环境经济核算（SEEA–2003）[M]. 丁言强，等译 . 北京：中国经济出版社 .

孟祥江，2011. 中国森林生态系统价值核算框架体系与标准化研究 [D]. 北京：中国林业科学研究院 .

米明福，王琪，叶有华，等，2018. 国有林场森林资源资产负债表框架体系研究——以广东省为例 [J]. 林业经济，40（01）：36–43.

王宏伟，刘建杰，景谦平，等，2019. 森林资源价值核算体系探讨 [J]. 林业经济，41（08）：62–68.

王骁骁，2016. 湖南省国有林场森林资源资产负债表研制 [D]. 长沙：中南林业科技大学 .

向书坚，2006.2003 年 SEEA 需要进一步研究的主要问题 [J]. 统计研究（06）：17–21.

向书坚，郑瑞坤，2016. 自然资源资产负债表中的负债问题研究 [J]. 统计研究，33（12）：74–83.

张德全，张靖，王风臻，等，2019. 山东省森林资源价值评估研究 [J]. 山东林业科技，v.49;No.245（06）：78–81.

张颖，2003. 森林资源核算的理论、方法、分类和框架 [J]. 林业科技管理（02）：11–14+21.

张颖，潘静，2016. 中国森林资源资产核算及负债表编制研究——基于森林资源清查数据 [J]. 中国地质大学学报（社会科学版），16（06）：46–53.

张颖，潘静，Ernst–August Nuppenau，2015. 森林生态系统服务价值评估研究综

述 [J]. 林业经济，37（10）:101–106.
张长江，2006. 江苏省生态环境的经济核算研究 [D]. 南京：南京林业大学 .
张志涛，戴广翠，蒋立，等，2018. 森林资源资产负债表编制的关键问题研究 [J]. 林业经济，40（01）：31–35.
中国森林资源核算及纳入绿色 GDP 研究项目组，2010. 绿色国民经济框架下的中国森林核算研究 [M]. 北京：中国林业出版社 .
中国森林资源核算研究项目组，2015. 生态文明制度构建中的中国森林资源核算研究 [M]. 北京：中国林业出版社 .
中国森林资源价值核算及纳入绿色 GDP 项目考察团，胡章翠，戴广翠，等，2008. 日本森林生态服务价值核算考察报告 [J]. 林业经济 .
中华人民共和国国家统计局，1992. 中国国民经济核算体系 [J]. 中国统计（6）.
Sutherland W J，Armstrong B S，Armsworth P R，et al. The identification of 100 ecological questions of high policy relevance in the UK[J]. Journal of Applied Ecology（43）：617–627.

附件一　抽样调查过程——以江西省为例

一、确定县级样本单位

此次调查，全国拟抽取 500 个乡镇、国有林场作为调查对象。按照省级林地面积占全国林地面积比例分配省级抽取的样本数。样本数分配结果显示，江西省分配 18 个样本单元。按照每个区（县）抽 3 个样本点的要求，江西省调查需要抽选 6 个区（县）。

采用不等概率抽样方法抽取区县，即在全省范围的县级单位中，按与县级林地面积成比例不等概率等距抽样，抽取样本初级单元（县）。按照一定顺序对江西省各区、县进行编号，并根据江西省最新的森林资源二类调查数据列出区县的林地面积和累计林地面积。M_i 代表样本单元的林地面积，M_0 代表样本单元林地累计面积，n 代表样本数。

$M_0=\sum_{i=1}^{n}M_i=10720217.6$，$k=\frac{M_0}{n}$，$k$ 值取 1786703，n=6, 从 [1，k] 中随机抽取一个整数为 r=1225653，则代码 r=1225653，$r+k$=3012356，$r+2k$=4799059……所对应的修水县、崇义县、会昌县、玉山县、永丰县、宜黄县入样，序号分别为 29，53，62，82，99，111，县级抽样结果如下（附表 1–1）：

随机整数 r 产生方法。举例：打开 excel 文件，在一个空白单元格填入“=randbetween（1,k）”。例如，k 取 1786703 时，产生的 r 值（随机数）可能是 1225653，或者其他随机数。这个随机数并不影响个体单元的入样概率。

附表 1–1　江西省县级样本抽样结果　　单位：公顷、个

区（县）编号	区（县）	林地面积	林地面积累计数	抽中样本
1	南昌城区	2.0	2.0	
2	湾里区	17093.6	17095.6	
3	桑海开发区	1529.3	18624.9	
……	……	……	……	
29	修水县	341851.8	1481880.0	1225653

（续）

区（县）编号	区（县）	林地面积	林地面积累计数	抽中样本
……	……	……	……	
53	崇义县	175836.5	3167078.6	3012356
……	……	……	……	
62	会昌县	218936.1	4893395.7	4799059
……	……	……	……	
82	玉山县	99682.1	6656348.5	6585762
……	……	……	……	
99	永丰县	200566.9	8500362.9	8376425
……	……	……	……	
111	宜黄县	153346.3	10349409.4	10159168
112	金溪县	80063.2	10429472.6	
113	资溪县	108379.2	10537851.8	
114	东乡县	63044.8125	10600896.61	
115	广昌县	119320.9609	10720217.57	

二、确定乡镇、国有林场样本单元

以江西省玉山县为例。采用等距抽样方法抽取样本乡镇和国有林场，即随机起点等距抽样方法，每个乡镇、国有林场被抽中的概率相同。按照乡镇距离县城的距离远近，对乡镇和国有林场进行编号。根据总体数和样本数，确定抽样间隔 k（附表 1–2）。

总体数 N=20，样本数 n=3，k=N/n=6.66，k 值取整数 7。

在 $[1,k]$ 中随机抽取 1 个整数 r，r=6，r+k，r+2k，代码分别对应的双明镇、紫湖镇大叶林场和国营玉山县怀玉山林场，被抽为样本。

附表 1–2 抽样的乡镇结果 单位：千米

乡镇编号	乡镇名称	与县政府所在地距离
1	冰溪镇	2
2	玉山县武安山生态林场	2
3	文成镇	6
4	四股桥乡	6

（续）

乡镇编号	乡镇名称	与县政府所在地距离
5	六都乡	8
6	双明镇	12
7	岩瑞镇	13
8	横街镇	13
9	必姆镇	18
10	下塘乡	21
11	仙岩镇	23
12	下镇镇	23
13	紫湖镇大叶林场	29
14	临湖镇	32
15	南山乡	33
16	紫湖镇	42
17	怀玉乡	45
18	樟村镇	50
19	怀玉乡太阳坑林场	51
20	国营玉山县怀玉山林场	70

附件二　林地林木价值核算专项调查表

一、林地价值核算

林地类型包括：用材林、防护林、特用林、能源林、经济林（果树林、食用原料林、工业原料林、药用林、其他经济林）、疏林地、灌木林地、未成林地、苗圃地、无立木林地、宜林地。

附表 1-1　______省______县______乡镇 / 林场林地租金调查表

单位：公顷、元 /（公顷·年）

林地类型	总面积	年租金
用材林		
防护林		
特用林		
能源林		
经济林		
疏林地		
灌木林地		
未成林地		
苗圃地		
无立木林地		
宜林地		
备注	乡镇或者林场距离县城______千米	

注：1. 年租金是指林地流转中各类林地年租金（市场价），不包括地上覆盖物的使用价格；
2. 各类林地类型面积采用最近的二类调查数据填报。林地分类及定义按照全国森林资源清查技术规程分类和定义。

指标说明：

年租金：以 2017 年为基准调查年，本地区发生林地经营权流转应支付的平均林地年地租价格。可以参考林地流转、地租专项调查资料（如集体林改有关的统计资料）或评估案例的统计资料估算。如果当年没有实际发生的林地流转案例，则以近三年当地相应林地类型流转的平均价格代替。

附表 1-2 ______省______县______乡镇 / 林场林地流转情况调查

交易案例编号	林地类型	林地质量	流转价格（元 / 公顷）	流转发生时间（年）	流转期限（年）	流转方式
001						
002						
……						

注：流转价格指流转发生当年的林地单位面积交易价格。

指标说明：

林地类型：林地分类及定义按照全国森林资源清查技术规程分类和定义。

林地质量：衡量林地的生产力水平的定性指标，用好、一般、较差表示。

流转价格：流转案例中林地的流转价值，不包括地上物的流转价值。

流转方式：包括林地转包、转让、出租、入股和抵押等方式。

流转发生时间：指流转实际发生的年份。

二、林木价值核算

（一）林木市场交易价格调查

附表 2-1 ______县______乡镇 / 林场活立木（竹）市场交易价格调查

单位：元 / 公顷、元 / 立方米

		用材林			竹林
		幼龄林	中龄林	成熟林	
树种 1	价格（元 / 立方米）				
	（元 / 公顷）				
	单位面积蓄积量（立方米 / 公顷）				
树种 2	价格（元 / 立方米）				
	（元 / 公顷）				
	单位面积蓄积量（立方米 / 公顷）				
……					
毛竹	元 / 根	——	——	——	
	单位面积竹材年产量（根 / 公顷）	——	——	——	
杂竹	元 / 吨	——	——	——	
	单位面积竹材年产量（吨 / 公顷）	——	——	——	
……					

注：1. 填写交易价格时，一般按照单位蓄积量统计填报，如果没有单位蓄积量价格，按照单位面积价格填报。

2. 用材林的市场交易价格是指活立木的交易价格，即买卖青山的价格。

3. 毛竹、杂竹的市场交易价格指路边价，即林地运到公路边的销售价格。

（二）营林成本调查

附表 2-2　______省______县______乡镇 / 林场优势树种（组）的造林和年管护成本

单位：元 / 公顷、元 /（公顷·年）

优势树种	未成林造林成本							年管护成本			
	（1）造林调查设计费	（2）整地费	（3）苗木费	（4）植苗费	（5）补植费	（6）未成林抚育费	（7）其他 1	（1）病虫害防治费	（2）防火费	（3）管护费	（4）其他 2

注：1. 优势树种以当地主要用材树种为主；

2. 以培育人工用材为依据，按照目前工程造林成本标准计算未成林造林成本，各优势树种（组）的成本差异主要是整地费、苗木费和植苗费；

3. 未成林造林成本等于（1）+（2）+（3）+…+（7）；

4. 年管护成本是指平均每年发生的营林支出，包括有害生物防治费用、防火费用、管护费用等；填报时，如有“其他”项内容，请注明。

指标说明：

未成林造林成本：是指从计划造林至林分郁闭前期间发生的营林成本，全部用市场价计算，包括如下科目：

造林调查设计费：指为组织造林生产而发生的调查设计费；

整地费：指平整林地或采伐迹地和挖穴作业项目，费用与造林规格及密度有关，整地费 = 平整林地费 + 造林密度 × 单位挖穴费（元 / 穴）；

苗木费：指用苗量与苗木单价的乘积，苗木单价是指运到造林地的价格，用苗量 = 造林密度 ×（1+ 废苗率 + 补植率）；

植苗费：植苗作业发生的人工费，植苗费 = 造林密度 × 单位植苗费（元 / 株）；

补植费：补植费 = 造林密度 × 补植率 × 单位植苗费（元 / 株）；

未成林抚育费：是指造林成活后至郁闭前发生的除草、松土、割灌等费用；

其他：除上述作业项目外发生的，应计入未成林造林成本的费用；

年管护成本：是指每年发生的森林管理支出，包括如下科目：

病虫害防治费：为防治病虫害而发生的费用，可参考统计资料或国家级公益林公共支出标准计算；

防火费：包括防火设施、防火道建设、通讯线路维修等防火费用，注意年均平摊的科学性，可参考统计资料和国家级公益林公共支出标准计算；

管护费：主要是指护林人员的管护工资，可参考天然林保护工程、公益林集中统一管护等的标准计算；

（三）木材综合调查

附表 2-3 ______县______乡镇 / 林场分树种综合调查

树种	中龄林间伐（元 / 公顷）		间伐林龄（年）	主伐林龄（年）	主伐单位面积蓄积量（立方米 / 公顷）	木材综合出材率（%）	采运成本（元 / 立方米）	木材价格（元 / 立方米）	木材销售服务费用（元 / 立方米）	木材生产经营利润（元 / 立方米）
	成本	总收益								

指标说明：

间伐成本：是指间伐作业费用，包括原料、工资、折旧等费用；

间伐总收益：是指间伐作业时直接获得的林产品收入，如木材或薪材等收入；

主伐单位面积蓄积量：是指主伐时林分的单位面积蓄积量。

木材综合出材率：是用材林主伐时立木树干材种出材率，包括规格材、非规格材和薪炭材；

木材价格：是指树种的规格材、非规格材、薪材的平均市场价，可取当期的木材销售收入除以销售数量（分树种和材种统计），以 2017 年木材交易价格为准；价格资料不全的，可以取近三年的平均交易价格代替。

采运成本：是指从立木采伐开始至木材运到产品交货地点（归楞场）的成本，包括伐区成本、运输成本和贮木场成本，各段成本包括直接费用和间接费用。

木材销售服务费用：指采伐设计费等。

木材生产经营利润：木材生产段的合理利润，一般按照木材生产成本比例计算。

（四）竹林调查

附表 2-4 ______省______县______乡镇 / 林场竹林调查

竹林类型	稳产前期		稳产期					
	面积（公顷）	培育成本（元 / 公顷）	面积（公顷）	竹材产量（根 / 公顷）	竹材价格（元 / 根）	竹笋产量（千克 / 公顷）	竹笋价格（元 / 千克）	经营成本（元 / 公顷）

注：1. 稳产前期是指新营造竹林阶段；

2. 稳产期是指竹林的竹材产量和竹笋产量与年度变化相对稳定的期间。

指标说明：

培育成本：包括整地、种竹、植竹、施肥、抚育及制造费等；

竹材产量：指平均每年的竹材出材量，要平衡大小年产量和不同经营级的产量；

竹笋产量：指平均每年的竹笋（鲜笋）产量，包括冬笋和春笋产量，要平衡大小年产量和不同经营级的产量；

竹笋价格：指竹笋的市场交易价（路边价），可以用统计资料估算；

经营成本：包括每年除草、翻土、病虫害防治、施肥以及挖笋和砍竹的投工、投资等直接为当年生产竹材和竹笋发生的成本和林地地租（注明地租价格）。

（五）主要经济林综合调查

附表 2-5 ______省______县______乡镇 / 林场主要经济林综合调查

经济林类型	经济林树种	初产期		盛产期				
		面积（公顷）	培育成本（元 / 公顷）	盛产期年限（年）	面积（公顷）	平均产量（千克 / 公顷）	平均价格（元 / 千克）	经营成本（元 / 公顷）

注：1. 初产期：包括新造的经济林地、产前期经济林地和始产期的经济林地；

2. 盛产期：经济林产量比较稳定期间；

3. 经济林地分类及定义按照全国森林资源清查技术规程分类和定义。

指标说明：

培育成本：初产期前发生的培育成本，包括造林、施肥和追肥、防治病虫害、修枝定形、除草、管理费用分摊。

平均产量：盛产期间的年平均产量，根据统计部门的统计资料或相关研究资料求算。

平均价格：以当地农业或统计部门提供的市场销售价格为准。

经营成本：包括肥料、施肥和灌溉、病虫害防治、人工采摘等直接为当年生产经济林产品发生的成本，包括年地租（注明地租价格）。

附件三　江西省崇义县样本抽样过程

采用等距抽样的方法抽取样本乡镇或国有林场，即随机起点等距抽样的方法，每个乡镇、国有林场被抽中的概率相同。按照乡镇距县城的远近，对乡镇或国有林场进行编号。根据总体数和样本数，确定抽样间隔 k。崇义县共有 28 个乡镇和国有林场，$N=28$，$n=3$，则 $k=N/n=9.33$，k 值取整数 10。

在 $[1,k]$ 中随机抽取 1 个整数 r，$r=4$，$r+k$，$r+2k$，对应的代码分别是朱坑林场、高垄林场和丰州乡，被抽为样本（附表 3–1）。

附表 3–1　抽样的乡镇和林场结果　　单位：千米

乡镇编号	乡镇名称	与县政府所在地距离
1	横水镇	1
2	阳岭保护区	2
3	长龙镇	8
4	朱坑林场	10
5	铅厂镇	12
6	过埠镇	12
7	关田镇	13
8	密溪林场	13
9	金坑乡	15
10	天台山林场	15
11	石罗林场	16
12	杰坝乡	20
13	文英乡	20
14	高垄林场	20
15	扬眉镇	25
16	新溪林场	28
17	丰州林场	28
18	龙勾乡	30
19	思顺乡	32

（续）

乡镇编号	乡镇名称	与县政府所在地距离
20	桐梓林场	32
21	麟潭乡	35
22	聂都林场	35
23	聂都乡	36
24	丰州乡	38
25	龙峰林场	38
26	上堡乡	40
27	乐洞乡	43
28	思顺林场	45

在每个样本乡镇或林场内根据数据库中的优势树种、龄组随机选择不低于6个二阶样本单元（林班）作为核算单元，按林木资源资产价值核算方法分别对树种、龄组进行核算。二阶样本单元数不足6个的情况下，随机从总数据库中另行抽取。